设计思维
商业分析

业务概念图应用

DESIGN
THINKING
BUSINESS
ANALYSIS

[丹麦]托马斯·弗里森达尔
Thomas Frisendal 著

李曦 汪沁 张云 译

BUSINESS CONCEPT
MAPPING APPLIED

中国社会科学出版社

图字：01-2014-0905号

图书在版编目（CIP）数据

设计思维商业分析：业务概念图应用/（丹）托马斯·弗里森达尔著；
李曦，汪沁，张云译.—北京：中国社会科学出版社，2020.9
书名原文：design thinking business analysis
ISBN 978-7-5203-7375-3

Ⅰ.①设⋯　Ⅱ.①托⋯②李⋯③汪⋯④张⋯　Ⅲ.①产品设计—
教材　Ⅳ.①TB472

中国版本图书馆CIP数据核字（2020）第189916号

出 版 人	赵剑英
责任编辑	夏　侠
责任校对	刘嘉琦
责任印制	王　超

出　　版	中国社会科学出版社
社　　址	北京鼓楼西大街甲158号
邮　　编	100720
网　　址	http://www.csspw.cn
发 行 部	010-84083685
门 市 部	010-84029450
经　　销	新华书店及其他书店

印　　刷	北京明恒达印务有限公司
装　　订	廊坊市广阳区广增装订厂
版　　次	2020年9月第1版
印　　次	2020年9月第1次印刷

开　　本	710×1000　1/16
印　　张	10
字　　数	118千字
定　　价	56.00元

致　谢

欧盟汽车租赁公司案例是由建模系统公司和业务规则集团（www.businessrulesgroup.com）的一些团队共同开发，也已被多家机构采纳使用。案例中所用到的具体事件及讲解的主体部分只要阐述清楚资料来源即可免费使用。

CmapTools 是人类和机器认知研究所的商标，权益归属于西佛罗里达大学彭萨科拉分校董事会（FL 32501, USA）。

序　言

写这本书的想法由来已久。在与包括公共部门在内的各种不同行业的不同客户交流过程中，一个简单的现实问题引起了我的好奇：企业管理层忽视了其最重要的资产之一：业务信息资产。这发生在"管理信息系统（MIS）"的名称先是改为"信息系统（IS）"，而后又改为"信息技术（IT）"的过程中。业务信息的分析和设计不再是一项商业管理行为，而成了一门工程类的学科。

从事业务信息分析和建模（正如我所做的）的确是一个非常令人羡慕的职位。当您和我一样有机会通过分析和设计业务信息与商业人士直接对话，您就和业务核心非常接近了；论题又直接重新回到商业模式和商业计划。

多年以来，众多IT开发项目的重点都一直是业务流程的"革新"。这些通常受技术驱动，例如对象技术形成了服务为导向或类似的构架体系。但是，如果流程变动频繁（它们确实如此），就会使得其长期商业价值有限。而业务信息就并非如此，它们能持续非常长的时间，也具有很高的的商业价值。

通过这本书，我希望能帮助大家再次关注业务信息分析和设计。我所写的新途径能帮助商业人士直接地和创造性地使用其最重要的资产之一——其自身企业的业务信息。

设计思维和概念图的结合使二者作用更加行之有效。它们共同促成了新的、创造性的概念设计和真正的商业创新。这样的结合最早开始于2004–2005年左右，而后便不断完善至今。我最早有机会能够和丹麦的奉献者咨询公司的信息管理顾问一起将概念图的方法运用到项目中。自2007年以来，丹麦的一家商业情报咨询公司（拥有40名以上的顾问，我与其合作过多个项目）Inspari公司一直将这一方法运用在各种客户委托的案子中。总体而言，不论是在私营企业还是政府的商业人士们开始用这一模型对他们的业务概念进行分析和设计。这些应用的效果非常好，至少明显好过我所看到过的其他任何方式。

我希望这本书里所展示的经验能启发您并帮助您在自己的企业或组织中达到业务的创新。

写作过程中，有很多人帮助了我。我首先要万分感谢所有的企业家们，是他们愿意为我敞开大门，与我分享他们的概念和担忧，而很多贡献者和Inspari公司的咨询师和我一起开展了出色的团队合作。我很感谢多伦多罗特曼管理学院的罗杰·马丁教授，他在本书设计的早期阶段提供了宝贵的建议。此外，我还要感谢奥尔胡斯大学奥胡斯商学院和社会科学院的外部讲师、丹麦Inspari A/S的商业顾问马斯·卡斯特·柏林克·汉森的出色评论。最后，但同样重要的是，我需要特别感谢我的私人校对员埃伦·玛格丽特·索尔伯格，她也是我的非常有耐心的、有爱的和善解人意的妻子！

托马斯·弗里森达尔
2012年写于哥本哈根

目　　录

业务概念图

使用业务概念图进行业务创新

1 简介

本书介绍了一个以有效性为导向的全新的商业分析模型。这一模型使用设计思维和概念图两大工具，在其共同作用下能确保企业创造力的激发、新业务概念的形成及组织流程的创新。这一模型更加侧重业务信息，因为这是保持商业模式长期持续有价值的秘诀所在。

所有业务拓展的努力都是为了将企业调整的更好从而获取更稳定的收益。希望获取成功的商业分析家或是企业策划人都应遵循两条基本法则：

1.他/她必须建立对于现有业务及未来业务（概念和流程）的有效理解。

2.他/她必须在整个过程中具有敏锐的直觉力，深刻的洞察力和丰富的创造力。因为整个团队是在不断加深对业务概念的理解和不断形成新的想法中学习提高的。

对业务的有效理解是通过业务概念图：可视的，交互式的，以团队为导向的分析和由可视绘图工具支持的设计手段所达成的。简而言之：这是能揭示出企业真正痛点并为解决这些痛点出谋划策的最经济的手段之一。

以企业长远发展为目的而进行的设计思维来源于对业务的理解，并能创建（正如产品设计师所为）一系列新的或更新的业务概念。而这些均以业务角度为出发点是行之有效的。有效性和革新应该始终密不可分。

"设计思维"吸引了各界大量的关注。本书中主要探讨的是如何将这种创造性思维与业务拓展结合起来，为其所用。以设计思维的方式构建业务概念的过程实际上和设计师的工作非常相似。不仅仅是产品才能设计。本书还将商业分析加入到不断增加的设计思维工具列表中。

两种方法（设计思维和概念图）相得益彰。它们都是建立在"学习"和"直觉心理学"的基础上的。这样的结合使得他们可能将商业分析转变为"商业综评（business synthesis）"。

日复一日的企业运营显然需要管理流程和结果是准确可靠的。但是这并不意味着，商业分析应该（一开始就）只关注稳定性的问题。如果对业务概念的认知是无效的，那就不可能得到可信的分析结果。有效性是所有分析的起点，这也正是设计思维所能达到的。为了改变一样事物，您首先需要理解它。现今，大多数企业组织对其员工及经理人理解业务概念程度的估计都过于乐观。然而，不完整的认知对企业运营的稳定性会产生一定的威胁。概念图能够反映出理解所必须达到的程度，并使得组织成员能够更加顺畅的沟通"（业务）都是关于什么的"问题。

对于商业分析的重新定义在企业组织内部形成了洞察力，使得一些潜在未成形的方案最终转化为全新的解决方案模型。业务拓展是最终结果。一些主流的和越来越流行的IT模型是：信息的质量和评估，数据抓取和层级管理模型，业务规则自动化，业务语义、关联数据和最近的NoSQL（非关系型数据库）和大数据变革。这些案例都表明通过IT技术获取商业创新机遇是非常可行的。

本书有三大主要研究议题：

1.当涉及业务概念和业务信息时，概念图的方式可以非常轻松地达到设计思维的最好成果。因此，概念图是一个非常重要的新型商业分析工具。

2.企业应该自己把控其业务概念及业务信息。这是关于业务价值机会的问题，因此它是业务任务而非信息技术任务。业务拓展方式越来越多建立在设计思维的基础上。而概念图完美地支持了这一灵活方式，因为它是理解、定义和构建各种业务概念图及其相互关系的推动者。

3.这种新型的商业模式样式和实践带来了重大的机遇，但只有那些善于管理其业务概念及其相互间关联的企业能够有机会获得此机遇。

需要注意的关键点是：从企业成立之初，其商业模式就是建立在一系列特定的概念、定义和概念相互之间关联的基础上。有些事物可能会改变（例如销售渠道），但是商业模式的核心在概念上会基本保持一致。其结果是，那些精心管控、充分理解和培育其业务概念、定义和构架，并能够在企业组织内部甚至可能在外部清晰交流沟通这些问题的企业将获得更大的成功。从实用角度出发，当业务概念作为有价值的资源而绘制成有逻辑性的导图并被妥善管理时，新的机遇就自然会出现。业务概念图开始成为和企业会计账表一样的关键性资源，而且他们和资产图有着非常相似的作用。

这是一本关于商业分析的书。目标受众包括：商业分析师和建模师、业务规划师、业务拓展团队、企业架构师以及信息架构师，当然还包括IT项目经理和业务经理。这些读者的共同之处是他们应该要有企业的愿景，而且他们都想要在业务信息的驱动下创造性的协助企业发展。

将此书作为导览，我们的旅程会涵盖利用设计思维和概念图达到"商业综评"这一新方法的三个方面：

1.设计思维商业分析能让您深入了解如何论述"业务"的内涵，

如何将设计思维原则应用于业务信息分析，以及重新定义的商业分析流程是什么样子的。

2.业务概念图能指引您找到有意义的业务信息概念，了解如何制作真实的概念图以及如何最终"收获"您的业务概念。

3.在简短介绍后，业务创新将通过绘制成型的业务概念图植入到业务创新机会的不同案例中去。这些仅存在于会管理和设计其业务概念的商业组织中。这包括业务信息和主要数据管理的稳定性、业务信息资产的评估、意义重大的商业智能、业务规则自动化、业务信息再利用、开放的信息共享、拉引（主动）式而不是推动（被动）式，最后是NoSQL（非关系型数据库/大数据处理。业务人员是在动态的环境中工作，所以需要柔性策略与之相适应。因此商业人员是那些能够理解和善于利用差异化的或许大多情况下还略带冲突的环境的人。我们必须接受企业的现实，而不是试图将业务强行约束进固化的、程序化的、事先设计的框架和结构中。这就是设计思维的用武之地。而概念图增强了它在理解、交流和创意方面的卓越能力，也增强了其创造那些美妙的A–Ha（惊喜）时刻的能力！

请记住，业务创新显然是一种新的业务方案，只要它能够增加商业价值，企业就会支持它。业务拓展是关于改变和创新的。在您能改变一些事物前，您必须对其有一定程度的了解。那么，如何才能了解业务呢？我们的旅程就从这里出发。

设计思维的商业分析

　　"共时性（Synchronicity）可以解释为一种体验，它出现在人脑中时是将现实中遇到的截然不同的事物合乎逻辑的连贯的有意义的诠释它。事物或事件的发生看似随意，但却能呈现为一副更大的画面中的一部分——一个在日常生活表面下的精密体系"——马丁·比古（Martin Bigum），丹麦诗人、艺术家（2012）

2 理解业务

若非深入了解，您难以改变事物。如何能够清楚看到业务的实际情况，且让其更加直观和易于理解？

业务起源于创意。一个（或一些）创意中，商业模式就形成了。而后，商业模式就应该始终贯穿于所有必须涉及的地点、事物和组成要素（如人员、产品、资本、固定资产、顾客细分等）之间。一旦您开始一项业务，就必须时刻监控和分析其进展情况。从商业模式开始之初，您其实就已经将业务建立在一系列具象的、特定的概念以及概念间的相互关系上了。这是"业务意味着什么"的核心。业务的真正含义其实是一个极其重要的问题。如果这一问题上不确定和产生误解可能造成极其严重的问题。企业有责任清晰了解其最基本的概念的含义，并且要求所有和业务相关联的人员都能够将这一理解贯彻进日常工作中。

多年以来，许多（接受过IT培训的）人员都误认为"案例法"或者类似的故事法是好的起点。但是，如果您不知道业务所涉及的专业术语的内涵，怎么能写出贴合的案例呢？例如，我们讨论的是汽车（Cars）还是机动车（Vehicles）？（这两个概念间有什么区别呢？）

这里需要考虑的关键专业术语是：概念（我们正在讨论的是什

么），关联（各种概念之间；客户下订单等诸如此类的概念），"事物"（某种产品，某位客户等）。这些都属于商业的范畴，而非IT。从本质上讲，这就是本书绝大部分篇幅讨论的问题。从概念层面上，除了投入时间了解您所参与的业务外，也别无他法能实现对其的管控。

2.1 利用概念图理解业务

让我们看一个非常简单的例子，欧盟汽车租赁公司[①]。我们将在整本书中都采用欧盟汽车租赁公司的例子。开始介绍前，以下是汽车租赁业务中涉及的最基本的一些概念。

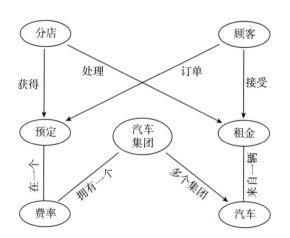

图2.1 汽车业务（欧盟汽车租赁公司）高水平概念图

---

① 基于OMG SBVR标准的附带示例（www.omg.org/spec/SBVR/ 1.0/），SBVR意为业务术语和业务规则的语义标准（stands for "Semantics of Business Vocabulary and Business Rules"）。感谢欧盟汽车租赁公司研究案例由建模系统公司（Model System, Ltd）与其他多个组织联合开发并已被多家组织使用。

题外话：这张图是一张"概念图"[①]，我们将在之后的第六章中详细讨论。实际上整张图自己就能说明整个创意和想法。请注意，通过图您可以看到一些短句，如"客户有预定问题"、"汽车按组别收费"，等等。而这些句子都是可视的，他们是各个概念间的连接线。概念图可以在研讨会上通过头脑风暴轻松绘制，而且易于维护，也适用于非技术人员。

自2005年以来，从客户项目（主要是来自业务职能环境）中获得的经验极为宝贵。在业务端，我们能够以直观易懂的方式将概念、概念的定义和概念间的相互关联融入工作中。将速度、表现力和易用性添加到等式中，就可以理解为什么这一方式是行之有效的。描述业务也是业务的任务之一——应采用正确的方法，保持事物简单化，并和专业人员一起定义业务概念。

实际上，您所使用的是一系列的结构化术语（概念）和其所关联的业务规则（稍后将详细介绍业务规则）。有些事物也许会改变（例如销售渠道），但是商业模式的核心从理论层面会基本保持不变。

2.2 信息、数据和业务规则

许多人不明白信息、数据和业务规则间的区别。这是一个很大的课题。而这里最重要的是商业愿景。

那么，对于业务而言，数据是什么呢？其实并不多。如果我们将其定义为组成您日常操控系统的基础数据库中的数据，那么其最多只能成为信息来源之一。大多数数据库都包含基础性业务的细节信息，例如：商品编号、发票日期、数量、价格和折扣。所有这些信息都展

---

① 概念图技术是由约瑟夫·诺瓦克及其康奈尔大学的研究小组在20世纪70年代发展起来，详情见第六章。

示的很恰当，但是却不是非常令人为之振奋。首先，您需要更多的信息来支持业务开展。其次，您还有所谓的"非结构性数据"——您所有的文档、电子邮件、网站等。此外，您还需要有外部数据源。应用程序数据就是众多此类数据中的一种。

您或许会问，为什么基础数据仅停留在信息层面。信息基本上能回答这个问题。这就是为什么发票清单（Invoice Line）必须手动进入处理程序（"审讯interrogated"这个词可能更加贴合）以提供关键问题的解决方案：

- 何人、何事、何地、何时？
- 以及金额多少？

这被称作"商业智能（BI）"——大多数情况下，您必须建立一个数据仓库，以便将所有信息按照设定好的格式收集在一起，这使得您能够将数据整合成您所需要的有效信息。实际上，您最终的目标是回答"为什么"这个问题。这就是需要"知识"介入并大显身手了。

"审讯"的说法是反映"数据"和"信息"差异的一种方式。另一种方法——愿景，如果您有的话——属于"内涵"这一论题范畴。根据信息理论，数据只是一种符号象征，代表（标志着）对我们所生存的世界每天发生的事件的一种观察。当然，还包括与其相关的人和事。从另一方面看，信息（information）也是一种资讯（message），如果拥有相同的背景，能够共景（也可以看成是有"共同点"），这种资讯对您就有了意义——那么，资讯也就转变成了有用的"信息"。

重新编排有意义的信息（从您能获取的数据得来的）是基本的流程，它能够转变为您所需的知识。

这里定义术语实际上是让其"有内涵"。内涵使得您能由此获取知识。如果您这么想，就有点像《黑天鹅事件》①的挑战。您应该知道您知道什么，您也应该知道您现在还不知道但您想要知道的是什么，等等之类的。您如何表达"我想知道什么？"

给1/4的概念和结构赋予内涵。

2.3　探究细节：业务规则

关于"信息"和"数据"的区别已经讨论了很多，接着，探讨业务规则。显然，关于本章前面介绍的"欧盟汽车租赁公司"的简单概念图解其实已经是很高层次的。在实际生活中，您最终将获取多个图表。但您最终也会获取其他东西，比如业务规则。以下是一些业务规则的案例（针对汽车租赁行业）。

1.每笔租金都针对一个提出需求的汽车组。

2.每次租约都不超过90天。

3.每一个租车司机都必须有正规驾照。

4.如果车辆归还地点不是欧盟汽车租赁公司的指定归还点，那么租金中将包含还车地点不同而带来的罚款。

如果您考虑到上述几条信息，那么一些业务规则也可以转化成概念图被画出来（实际上，大部分都可以）。但是，有些规则非常详细，有些还包括了一些"实时数据"（例如"90天"或"SUV"等）。您应该用概念图来获取正确的整体概况和框架。然后再补充进最为重要的（并且是持续性的）业务规则（纯文本）。而这些规则又联系回到概念图所描述的概念。我们使用Excel、Word或其他类似的办公软件来记录业务规则。详情可参见第六章所给出的例子。

---

① ［美］纳西姆.塔勒布（Nassim Taleb），《黑天鹅事件：极不可能发生的事的影响》，兰登书屋出版社2007年版。

2.4　准确的定义非常重要

企业应采用足够清晰、准确的定义来描述业务规则。业务概念和严谨的定义是相辅相成的。即使您能够采用务实可行的方法成功做到这一点，仍然有很多理由（比如复杂性和可靠性）说明严谨的、系统的方法是非常有必要的。定义核心业务概念需要很长时间，也涉及很多的人。这意味着它们不仅仅要准确和切中要害，它们还需要充分沟通并易于记住。在很多方面，制定出恰当的定义是一种技能，需要您清晰明确地意识到自己正在做的事情。幸运的是，这项技能是可以改进和复刻的。查阅《信息管理中的定义》（Chisholm 2010）这本优秀的书是非常好的一种方式来学习和准确定义相关的专业知识。

当我们进行绘制概念图时——如第6章所述——我们不太关心图中细节的内在逻辑。概念图不是关于逻辑性的，它们描述的是概念及其相互间的关联。另一方面，在业务规则中通常存在大量的逻辑关联性。当您想要在某个IT系统中明确包含某物时，逻辑性是非常重要的。但是，在业务层面上，事物往往没有绝对，所以我们并不需要过分的如逻辑性所强调的那样精确。大多数情况下，用清晰的语言制定简单的业务规则远远不够。从企业愿景角度看，概念和其相互间的关联才是稳定的。不管业务如何变化（比如，ERP系统的变动），它们在大多数情况下都能保持下来。

而人们并非百分百的理性。大多数人会犯的"用可能性来推测原因"的（系统性的）错误就能很好证明这一观点。正是这些以及直觉、内在感受等一系列的复杂能力成就了我们，这也应该是我们所提倡的。

2.5　概念到底指什么？

让我们集中注意力在概念及其相互间的关联上。

采用OMG标准文件格式对前文所提的欧盟汽车租赁公司的虚构案例可进行如下的描述：

　　欧盟汽车租赁公司向其顾客出租汽车。顾客可以是个人或者公司。公司将提供不同型号的汽车，并以此分类。同一类型的汽车将按同一标准收取租赁费用。汽车既可以提前预订也可以由未预约的上门散客临时租赁。租赁订单写明了客户所需的汽车类别、租赁开始及结束的日期／时间、租约开始的门店等。订单中可以选择是否为单程租赁（指的是在不同的门店提车与还车），也可以在所需的汽车组别内指定租赁某一特定型号的汽车。欧盟汽车租赁公司有会员俱乐部。客户可以加入会员并用积分抵扣租金。欧盟汽车租赁公司在特定条件下将不定期地提供会员折扣和免费升级优惠。

　　欧盟汽车租赁公司也会保存客户的"不良记录"（例如未经授权延迟支付租金或是租赁期间对汽车造成损坏），并可能以此拒绝此类客户的再次租赁预定。

上述文字显然描述非常清晰规范。然而，有经验表明，概念图确实会更加直观易懂。下图几乎表达了上述文字中的所有信息：

除了概念图，我们还需要两个"文件"：

概念的文字定义（详见第6章），以及必要的——长期的——业务规则（以清晰的语言描述）。文字描述可以是这样：概念：汽车转移。

定义：指定汽车组别的某一租赁车辆从派发门店到接收门店的按计划的移动。

这样做并不难。很多机构组织可以使用微软的 Word 和 Excel 将其处理得很好。

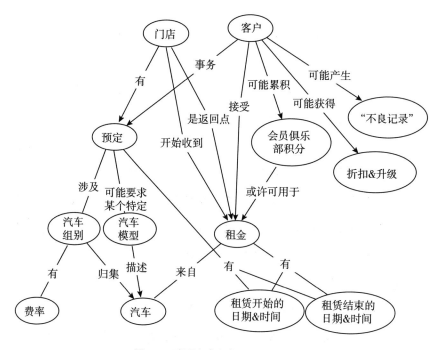

图2.2 欧盟汽车租赁公司业务概述

以此就结束了对"理解业务内涵"的介绍。在下图（图2.3概念图）中，您可以看到理解业务在激发整个业务拓展主动性中的作用概况：

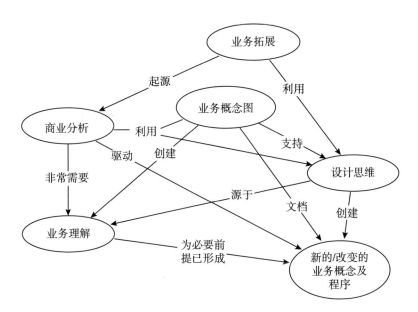

图2.3 本书主要推荐的高阶概念图

业务理解是通过概念图建立的,我们会在后续章节中继续讨论这一点。从商业分析的角度看,建立概念图的原因是,有设计思维的人们从业务理解中学习并受到启发——从而将其以概念图的形式表达出来。这样,概念图是建立全新的/变更的业务概念的先决条件。概念图会触发让拥有设计思维的人们兴奋的"A-Ha"时刻。因为最重要的问题是让这种设计思维能够持续下去,所以我们需要更加深刻理解设计思维的范式包含什么。

3 设计思维在商业分析中的应用

3.1 商业分析：理解业务信息

如果您认为商业分析都类似于SWOT分析和RASCI模型，那么您要准备好做一些重新架构。当然，所有这些尝试和检测的工具和方法都依旧可以用。但是它们都遗漏了最重要的一点：业务信息！

长久以来，分析和重构业务流程上吸引了企业人员太多的精力。这非常好。业务流程的好处就是您可以随时再次更改它。比如，新的信息和交流工具的出现。

但是，更稳定不变的是业务信息资产。想象您在进行房地产业务。这里您有一些重要的概念——比如带房间和窗户的房子，等等。而对于房产最重要的是——您猜一猜——地点！这些概念短期之内都不会改变。

大多数人承认企业的关键概念是非常重要的。但是，他们假设这些概念就像是定义清晰明确的事物一样摆在那里，唾手可得。

但其实并非如此。可以把企业看作是拥有许多楼层的巨型建筑，有着无尽的走廊和非常多的门窗。

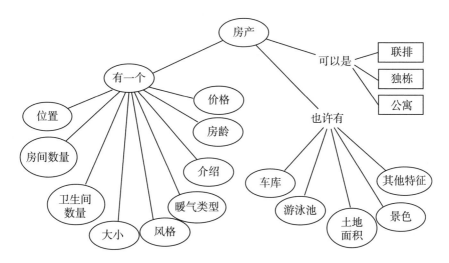

图3.1 房地产概念图

图3.2 在丹麦哥本哈根的一栋"普通的"办公楼（本书作者摄）

　　您可能对这些窗户和门里的东西有大致的推断。但是，您无法知道每个细节。而且在某些方面，您一定会犯错。只要不打开门，您就可以看作没问题。但，真的是这样吗？

迟早您必须得打开门看看里面有什么。为什么？因为您必须——或者说您想要改变一些东西。改变——希望变得更好——是非常重要的驱动力。当您打开门，一次一扇，然后把您所新发现的放入已经知道的内容中。

这和设计师的工作非常像。让我们看看如何才能以明智的方式来处理这一问题。

3.2　设计思维：这是从哪里来的？

在近期，在关于学习和教育访谈中，多伦多的罗特曼管理学院院长罗杰.马丁（Roger Martin）认为设计思维有三个方面：认知、情感和人际沟通（Martin，2006）。感性和人际沟通技巧不属于本书范畴，而认知恰好在讨论之列。认知方面包含三种类型的推理：归纳推理、演绎推理和反绎推理。

在经典逻辑学中，归纳推理是对具体实例的概括，而演绎推理是在逻辑的基础上推导结果。

MBA课程为学生提供了归纳推理和演绎推理的学习，但是对反绎推理的重视程度不够。反绎推理是形成解释性假设的过程（Martin，2009）。反绎推理的一个经典例子是：

（1）昨晚下雨了。

（2）草坪是湿的。

事实"（2）草坪是湿的"使得假设（1）更加有道理。其他假设也存在，但是（取决于环境）可能性更小。所以通过反绎推理，我们得出昨夜一定下雨了的结论。当然，在现实生活中的可能性不止一个。诀窍在于找到其中可能性最大的一个。这通常与简单、巧妙且（或）与某些经济因素相关联。最合理的解释才是最好的。举一个笼统的例子：我们观察到一个令人惊讶的事实"C"。现在，如果A（某件事）

是真实的，C就会是问题的关键。因此，就有理由推测A是真的。至少A本应该是真的。

正如您所看到的，反绎推理真的是一种非常自然而然的意识。它能筛选出必要的信息，为我们的思路"导航"。这或许和追踪捕猎非常相似。

3.3 设计产品之外的东西

IDEO（一家顶尖的设计公司）的首席执行官兼总裁提姆·布朗（Tim Brown）在《哈佛商业评论》中写道"……随着发达国家的经济结构从工业制造转向了知识经济和服务业，创新意识开始不断深入到更多的领域。"（Brown，2008）。

换句话说，设计不再局限于实物产品，而是可以也能够运用到生产过程、服务、IT交互以及平常的沟通与合作中。本书最主要的目的之一就是将设计思维方式运用到商业分析的过程中。

在近几年，越来越多的商务人士认同"设计思维"可以作为商业发展的一种方法。除了产品，服务、组织、商业模式、呈现技巧以及商务管理的其他所有环节都应该是精心设计（designed）而不仅仅是程序化（engineered）。

在芬兰就业与经济部发布的一份报告中，Provoke设计公司（译者：诺基亚御用设计公司之一）引用宝洁公司首席执行总监雷富礼（A.G.Lafley）的话（Aminoff等，2010）：

商学院更注重归纳思维（基于直接可观察的事实）和演绎思维（逻辑和分析，尤其基于已经存在的证据）。而设计学院更加强调反绎推理——假想什么可能发生。

宝洁公司早就对设计思维深有研究，并由此建立了全球商业服务中心（GBS）。简而言之，GBS有着项目导向制的文化。这点（剔除其他因素外）有效促成了宝洁对吉列的平稳整合。详见罗杰·马丁（Martin，2009）对这一案例的描述。

3.4 处理棘手问题

在设计思维的活动中有很多是关于"棘手问题"的讨论——即"无法明确的问题"（Martin，2009）。在本书中，很多问题和解决方案在业务拓展项目开始时都可能是不得而知的。

让我——基于我在面对不同客户的商业智能化项目的商业分析上经历丰富——描述一个项目在开始阶段时的典型情形：

- 我们明白应该基于即将形成的数据仓库中的数据建立商业智能化，并以此支持销售和市场部门。
- 我们没有业务信息的模型，也无法提供有意义的概念定义。
- 我们不知道数据库里到底有哪些数据。
- 我们不知道数据有哪些潜在问题（比如，我们以为有的信息实际上却是缺失的）。
- 我们不清楚终端用户使用源系统的具体情况。
- 关于各个科室和部门间日常运营所需信息的指令可能存在冲突。
- 我们不知道哪些关键性绩效指标是我们需要的（更不用说我们为什么需要它们）。
- 我们不知道做这一项目需要多少预算，也不知道完成它需要多长时间。

下表用更系统的方式展示出了这些"不知道"。

表3.1

典型的数据仓库 项目开始阶段的情形	我们知道的事实	我们不知道的事实
已意识到的	我们想建一个数据仓库	业务概念模型和定义
	存在意见分歧	我们需要什么数据
		我们需要哪些
		关键业绩指标
		多少预算以及多长时间是必需的
未意识到的		是否不完整或者缺少数据
		源系统的使用情况如何
		我们为什么需要这些
		关键性业绩指标

这是一个棘手问题吗？大多数人会同意。

显然，商业智能项目并不能代表所有其他项目，但是它们是非常典型的业务拓展项目（或者更确切地说，它们本应该是）。其结果是，项目很大一部分精力用于理解、定义和创建对解决方案的设计。现在，这更像建筑师的工作而不是工程师或是经济学家所为。显然，建筑师会用到设计思维。

3.5　设计思维在企业发展中的应用

这本书并非关于设计思维的专门用书。但是，您使用概念图和定义来发现和管理企业信息资产中的大多数做法实质上就是设计思维。以下只是针对设计思维的简要概述（在业务拓展的范畴内）。接下来，我们将更加深入的了解概念图和设计思维是怎样结合在一起的。

让我们先从社会系统中的阶级问题，也就是前文所述的棘手问题开始。罗杰·马丁（Martin，2009）认为：

尽管管理者不愿意处理棘手问题，因为这和他们的职位升迁无关，但设计师却愿意"拥抱"这些问题，把它们作为一种自我挑战。

两者的区别不在于综合和分析，而是"稳定性"和"有效性"。

稳定性是传统的企业管理方法。经理人因提供可衡量的结果（股东价值等）而获得报酬。投资人和股东以及年终奖方案都采用分析核算的方法来确定业务的稳定性。这是一个充满了会计账表、预算表、计划表、企业绩效管理、商业智能化以及季度报表等统计图和表格的世界。

而在另一边，设计师则是因有效性来获得产品报酬的。他们必须生产出真正有效的产品（在市场上、在组织里、在客户和员工中，等等）。有效性是设计思维所关注的点。有效性和创新是相辅相成的。有效性是商业悟性所应有的。如果一个改变或者一件新事物能够带来商业价值（以一个新的方式），它就是有效的，否则就不是。有效性来自于设计，可靠性来自于"程序化"——稳健的系统、程序、可复制性，等等。

传统商业分析方式和设计思维方式之间的差异也在《"设计"业绩增长》（Liedtka and Ogilvie，2011）一书中有所提及。传统的商业方式是分析以探索一个"最佳"答案，而设计师实验的目的是迭代，以寻找"更好"的答案。

罗杰·马丁将商业变化产生的方式描述成"知识沙漏"（Martin，2009）。在顶层，您有"难以理解的事件"——那些棘手问题。所有这些您能打开的小门都只是发现问题，但您却无法理解您所看到的事。诀窍就是接下来的一系列两步法：

1.将难以理解的问题转换为启发式（经验法则）；这能够使您对问

题形成一个基本概念从而建立解决方案的雏形，而后您可以测试、改进、再测试，不断循环将其完善。

2.将启发式转化为算式（更加精确定义的体系和流程），它可以运用到企业管理中去，增强其稳定性，而这正是企业利益相关人所关注的。

您所要做的就是"对解释做出一个推论"。而这一解释应该是"根据现有数据所能得出的最佳答案"，虽然这还不足以形成具有重大意义的统计性结论（反绎推理）：

研究结果（所谓的"解释"）"建立一个方案雏形，而后观察它是否如想要的或预期的一样运行"（Martin，2009）。

丹麦诗人、艺术家马丁·比古（Martin Bigum）重新定义了"共时性"的概念。这一概念最初是由荣格（C. G. Jung）在20世纪20年代（Jung，1993）提出的。马丁·比古在重新表述中将这一现象定义为：

"共时性可以解释为一种体验。它时常出现在人的大脑中，将现实生活中遇到的毫不相干的事件进行解析，使其连贯或者有意义。当随机发生的事物发生，它们就转变为了更大画面中的一部分——一个日常生活表面下的（系统）结构"。（《皮肤下的结构》丹麦语版本，2012）。这是对"设计思维秘诀"的一种美丽描述。

3.6　业务综合体系

设计思维的侧重点是综合体系，而非分析。因此我们需要建立"业务综合体系"。概念图是首选的工具。因为体系化多用作讲故事的技巧，而概念图就是非常好的讲故事的工具。它们就是为此而设计的。

值得一提的是：即使会计账表也可看作是一种讲故事的方式（Martin，2006），包括概念和其相互间的关联。这些将在第5章中进一步描述。

在头脑风暴环节中，开发概念图的过程非常看重建立对不同角度和观点的理解。"A–Ha"的那些时刻迟早会出现。

这是让那些业务痛点能够公之于众的成本最低的方式，而业务痛点总是藏于暗处才难以根除。除了清晰表述（避免误会）和让每个人都"说同样的语言"，持续关注业务概念也能够促成对实际业务痛点更深入、透彻的理解。

请注意，使用设计思维不意味着您设计自己的现状！概念图是用于描述实际情况下您的业务现状的。这就是为什么我们将其称为概念图，而不是概念设计。这一过程（发现以及之后的理解）是设计师们具备的诸多技巧之一。您通过描述及理解以获得天马行空的想法。而后再对其完善与应用。在这点上，设计出新的解决方案是自然而然的，或许还可能产生全新的概念以及归纳概括一切与此工作相关的事物。

从概念图的角度来看，它其实是设计思维转化过程中首要的也是非常有趣的两个部分。

提姆·布朗认为：

"……这一能力可以看到棘手问题的所有的突出要点——有时甚至是矛盾对立面——并创建新颖的解决方案以超越和大幅改进现有可采纳的选择（Brown，2008）。实验和协作是两项必备方法组合。

概念图可以做到所有这一切。它们很容易绘制，能够迅速加深理解。它们可以很容易地重新再绘制、改动、组合、测试，甚至是在发现另一个方案才是最好解释后被弃。

丽迪卡（Liedtka）和奥格尔维（Ogilvie）提到了关于设计工作的十种工具。第一个也是最重要的工具是"可视化"工具："这确实是一个元工具。它对于设计师的工作方式是如此的基础，以至于几乎会出现在设计业绩增长程序中的每一个阶段。"而明确的沟通至关重要。将

想法画出来可以让其更加容易理解也能降低被误读的风险（仅用文字
表述会非常冗长）。在构思阶段之前，更加深入的了解问题或是机遇产
生的来龙去脉是非常必要的。他们建议在概念构思阶段中采用头脑风
暴的方法，然后使用概念开发工具。在概念开发中，可视化同样是基
础。"字面上，概念来自于您的想象，您的大脑会创造出现在还不存在
的事物组成的画面。"（Liedtka and Ogilvie，2011）。

3.7 概念图从何而来？

使用设计思维来促进业务拓展和变革需要理解您的现状。有很
多理由可以解释概念图为什么能和其完美匹配（Novak 1990，2008），
（Novak and Cañas，2006），（Moon et al. 2011）。

概念图最初是由约瑟夫·诺瓦克（Joseph Novak）教授（1990，
2008）以学习为核心设计并开发的。概念图的理论基础是建立在奥苏
贝尔（D. Ausubel）关于有意义的学习的研究上（详情请参见 Novak，
2008）。同化理论（它的另一个名称）认为学习应该建立在具有代表性
和组合性的程序上，这些您接收到信息时会出现。新概念与现有认知
结构（非语言表述）中已存的相关概念相联系。

换言之，有两个过程：发现（信息）导致接收信息——与学习人
员已知的信息整合。通过这种方式，概念图不仅促进了学习，而且有
助于创新。注意提姆·布朗（Brown，2008）"灵感—构思—实施"的
观点与罗杰·马丁认为的"疑惑—启发式—算式"（Martin，2009）的
流程非常相似。

描述即将用到的基本概念和术语之间的关联性是关键。这样，学
习就转变为对新概念的彻底消化理解并将其融入学习人员已知的概念
结构中。这正是诺瓦克教授设计的概念图所要做的（Novak，2008）。
这也是为什么有证据表示它们非常适用于设计思维方式的灵感和构思

阶段。我们通过概念图（图表）的方式将知识变得更加易于理解。

另一位研究者里夫卡·奥克斯曼（Rivka Oxman）这样说："概念知识是设计的构思基础，组成了设计中知识的最重要的形式之一。因为概念在构思阶段是可以控制的，所以它们是设计思维的根本。

它们是设计思维十分重要的基本元素。"（Oxman，2004）。

绘制概念图是一种学习训练的过程。阅读和讨论概念图也是如此。在头脑风暴讨论会中共同改进它们能够建立一个非常有创新意识的环境。由此，又会有很多对业务新的理解和新的机会产生。

3.8　我们何时需要概念图这样的工具？

您可在不同的情形下使用概念图，比如：

- 在项目开始时做一个高层级的概念概述（或许可以设定一定的范围）。
- 为了解开"疑惑（mysteries）"，您通常可开发一个会在一段时间内反复出现的概念图组。它们可以描述现状，也可以用于规划"渴望达到的未来"的概念。
- 解决方案的雏形也要不断绘制成概念图直到您从中找到一个可以继续采用的行之有效的方案。
- 当然，最终解决方案必须经过了概念设计，而且您还可以添加大量详细的文档型或者指导型的概念图以便将其解释给业务人员。

您所需要做的是打开所有可能的门，看看里面。记住，有些门是隐蔽的、秘密的甚至被遗忘的……一旦您知道您所拥有的，就将其绘制成图——制作出"平面图"。这些做好后，您需要清楚"热点"（hot spots）在哪里，以及如何尽可能简单地从一个"好的点"到另一个。

提姆·布朗称第一阶段为"灵感"（Brown，2008）。在本书中，虽然主要的做法是相似的，但我们更喜欢称其为"探究"。"灵感"一词过于狭窄。大量的"探究"时刻在进行。实际上，您可能说第一次探究是花时间在学习上，即使是老古董也可能从实际正在发生的事当中学到新的事物。正是这种探究性的学习过程创造了灵感和领悟以及是"A–Ha"时刻。

对于以下两组行为，我们采用了提姆·布朗的专业术语。具体描述如下：

- 探究，主要包括信息的组织（概念和相互间的关联），分享简介、讲故事和综合所有可能性（更多故事）。概念图是绝妙的故事讲述者。
- 灵感，主要包括制作草图、场景、更多的故事讲述和内部交流。同样的，概念图在所有这些方面都表现出色。
- 实施，这一环节中，概念图非常适合记录、沟通和指导。

概念结构流始终贯穿于各个商业分析项目中。

概念图和设计思维均已在前文介绍完毕，是时候看看两者怎样结合在一起，共同改变商业分析工作方式。

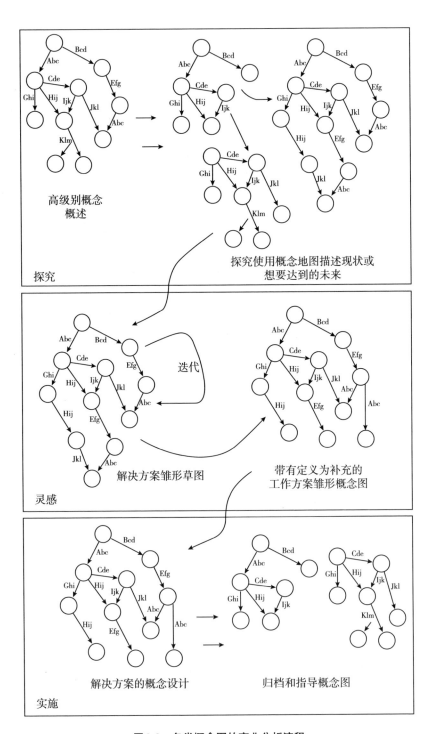

图3.3 各类概念图的商业分析流程

4 重新定义商业分析

4.1 方法概述

如表4.1所示，在商业分析中，设计思维由三个阶段和各阶段包含的不同的子类别行动组成：

表4.1   设计思维的三个阶段[①]

阶段	行动
探究	分享观点
	讲故事
	组织信息
	综合所有可能性
构思	速写
	场景化
	讲更多故事
	内部沟通
实施（设计）	设计决策
	记录
	沟通
	指导

---

① 基于布朗的文章（2008）。

我们更加关心业务信息，对流程不太感兴趣。当然，业务流程管理很重要，但是我们不会深入研究它。相反，我们更加看重信息侧，因为它维持的时间更长。

那么，关于业务的知识来自于哪里呢？显然，有很多潜在的信息来源：

1.在人们头脑中。

2.在商业模式文件、战略文件、商业计划、指导书、行政管理指导准则和成百上千的各种其他文件中。

3.在内部日常文件，如会计账表、电子表格、IT系统、工程文件、营销材料、网站、详细需求和系统、IT数据模型和数据库、商业智能报告和它们的"多维数据集"中。

上面的选项（1）是目前为止最可靠和最容易（也是最有效）处理的信息来源。换句话说，需要的是一系列任务执行情况研讨会，而后是构思和综合研讨会。

在分析和综合阶段直接与业务人员合作也为下列情况创造了机会：

- 创造新的认识和"A–Ha"时刻。
- 在实际运行中获取实际知识。
- 将实际的"痛点"公之于众。
- 重新思考专业术语。
- 发现概念上的"漏洞"、矛盾和错误。
- 保持创新——获取新的创意。
- 设置不同场景。
- 确保这些结构、术语、定义和业务规则被接受。

设计思维方法、头脑风暴、速写、可视化方式讲故事和对话是紧密联系在一起的。这就是为什么概念图是整个流程中如此强有效的催化剂。

另一方面，分析师也不得不寻求其他信息来源比如上面提到的众多渠道中的一种。我们将在第五章进一步探讨这一点。

4.2 准备在事件设计流程中的由分析转向业务综合

显然，您自己必须在前期充分了解之后时刻准备好。当您在阅读和审查各种业务信息内容源时，概念图就是达成这一点（让自己准备好）的非常有效的方法。

业务领域的分析以及随后一个变化或新商业设计的综合（Martin，2009）对整个业务都是非常重要的。没有业务人员的加入，您是无法达到这一点的。即使是企业高层或者业务单元也应该如此。根据项目主办部门的不同，可以考虑邀请，比如财务总监、营销总监或者其他类似的总裁参加项目开始和最终验收的审查会。对于所有的研讨会，您在企业组织中都需要一个"灵魂人物"，比如可能是高级管理人员。他或她应该从头至尾参与这个项目。除此之外，您还需要一到两名真正知识渊博的业务专家在场——那些真正知道发生了什么事的人。他们通常执行的是业务主管的职能。然后您需要——有时——一些真正的业务人员到场，比如销售人员、物流人员等。

您和重要的业务人员一起所要经历的是一个非常激烈的，特别看重您的沟通技巧和共情能力的交互过程。要做一个非常好的倾听者和一个非常好的提问者，使用开放式的问题和语言表达。

通过隐喻来打开业务人员的思路。例如，用"干净的语言"获取好的建议。（Sullivan and Rees，2008）。人际交往技巧也是最基本的，应非常有耐心和礼貌的探究人们界定自身经历的背景。

那么，又该如何刻画对设计思维非常在行的人呢（Martin，2009）？直觉、综合和独创是三个基本特征。"直觉"可以（最容易）

通过不断训练改进而获得——想想在森林里查看地面上的踪迹时，有经验的猎人和城里人的区别。"综合"从某种意义上讲，和空间感知相关联（Gärdenfors，2000，2004）。很多综合都是关于因果关系的（Martin，2009），这一点上，概念图确实有助于改善认知过程。有些人（天生）有更好的空间感知能力，但是这些也可能通过训练和改进获取。起初，它和冒险相关。也就是愿意尝试和改变（Martin，2009）。当然，经历也非常有帮助。

记住，有效性是驱动设计思维的起点。有能力做到这一点的人，往往是那种能够推动组织跳脱出思维禁锢的人（Martin，2009）。有效性并非比可靠性好，反之亦然。两者自身都是非常好的品质特征。了解两者的区别对于清晰思考业务是什么和"流程"是什么至关重要。如果最终还是把两者混淆，您只会得到分析和设计的准确现状，仅此而已。然而我们希望做得更好！在业务概念层面上，有效性才是我们努力争取的品质。

在进入第一次研讨时尽您所能准备好！

4.3　自上而下：第一个研讨会

第一件要完成的事是站在一个高的，纵观全局的层面来描述项目的共同出发点。换句话说，您必须与业务人员一起绘制一张仅有一页的总括性的概念图。您可以根据高层级业务文件事先准备一张速写草稿。应该只包括高层级业务对象（可能在多环节生产制造流程中归纳总结为"生产线"）。

必须做的是找到一种有效的方法开始去"开启大门"。商业模式构成了关于业务特征的最基础的事实，这也可能是一个很好的起点。《商业模式的产生》（Osterwalder and Pigneur，2010）是一本非常精彩的书，它辨析了商业模式的九个模块：顾客细分、价值主张、渠道、客户关

系、收入来源、关键资源、关键行动、关键合作关系和成本结构。用
图展示（他们称其为"商业模式画布"），如下所示：

关键合作伙伴	关键活动	价值主张	客户关系	顾客细分
	关键资源		渠道	
成本结构			收入来源	

图4.1　商业模式画布^①

　　实际上，商业模式画布和概念图的组合非常有效。这是吉列非常有
名的商业模式（Osterwalder and Pigneur，2010）展示在商业模式画布上。

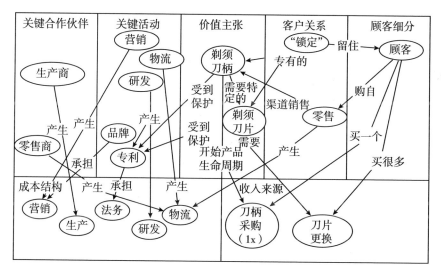

图4.2　在商业模式画布上的吉列商业模式^②

---

　　① 《商业模式的产生》，亚历山大·奥斯特瓦尔德、伊夫·皮尼厄著，威利出版社
2010版。
　　② 同上。

花点时间阅读概念图中的句子。然后去理解这些概念为什么在商业模式画布所对应的位置上。这可能是在第一次有管理层代表出席的研讨会上开展讨论的一个非常好的起点。

显然还有很多其他的方法来建立这第一个"共同点"、概念图。下面是一个来自汽车经销商的简单案例：

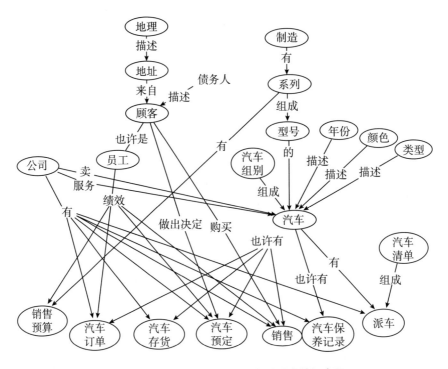

图4.3　一家汽车经销商早期、概述阶段的概念图

您应该能在几小时内绘制出类似的概念图——通过使用例如CmapTools和一个数字投影仪进行概念绘图以展开头脑风暴。

达到这一点后，您就可以着手确定项目范围了。很有可能会野心太大，所以您需要按照优先等级排序并将研究范围分解成若干子项目。

　　还需要充分理解高层管理者代表的担忧和他们的目标，并且直接询问这些经理代表，是什么问题让他们深夜难以入睡？

　　如果您能在3-5小时内完成这些工作，那您已经做得很好了。通常建议，不要让头脑风暴的时间超过3-4小时。如果时间过长，大多数人会失去后期所需要的高度集中的注意力。

4.4　探究研讨会

　　接下来的第2-4研讨会上应该着重于：

- 组织信息（概念和相互间的关联）
- 分享见解
- 讲故事
- 综合可能性

　　前三个部分均能得到实时概念图的有效支撑。

　　您必须将研究范围分解为可管理的部分（对应一页的概念图）。每一个部分都要分解细化。

- 实际的日常业务对象
- 选定的关键属性（包括衡量标准）
- 可能有一些特殊的业务规则

　　不要试图在这个阶段描述所有的事物。要聚焦在业务信息的本质，而不是细节（它们稍后自然会出现）。

　　我们在探究阶段所做的如下图所示：

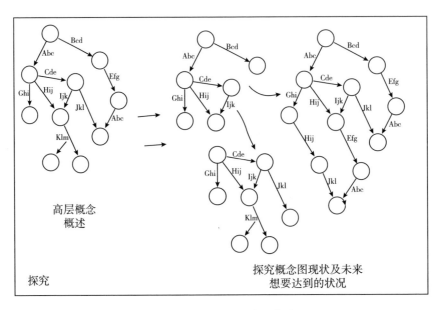

图4.4   探究阶段的概念图类型

我们探究——用概念图分享简介、讲故事和组织信息。但什么是我们所探究的呢？显然——从广义上说——它是和现在一样的业务概念和相互间的关联。也就是现状。

然而，由于一些业务拓展驱动了大多数项目，我们实际上——在这一阶段——开始探究未来可能"想要的"概念和其相互间的关联。

在这个阶段，我们已经得到了一些惊喜，而这些惊喜驱动着设计思维方式。下面列出了部分可能的发现：

- 我们对某些事物可能缺乏很重要的信息。
- 我们用的专业术语不是很准确或者晦涩难懂，它们或许来自于传统观念。
- 有些概念显然是错误的。
- 这真的是我们正在做的吗？（以及其他"A-Ha"时刻）。

- 我们没有这方面的信息。

在这一阶段的最后，我们知道有些信息缺失，有一些概念上的工作需要重做，而且技术和IT系统支持或许也还有改进的空间。

尤其要注意的是，"A–Ha"时刻很有意思，应该非常小心的记录下来。它们显然是后期创意的缔造者。

经过3—4小时，您已经绘制出1—3张概念图（虽然以草稿的形式，但肯定已经能说明问题了）。您可能需要不止一个研讨会来进一步完善。现在，您已经有用概念图表示的企业"平面图"了。

4.5　构思研讨会

构思阶段是创造（设计）变化的阶段。探究阶段的成果是一系列探索的概念图。构思阶段因此是由一个承上启下的背景回顾开始的。我们从看第一张概念图开始，接着进行设计工作。这一过程中的任务有大有小。但是，它们都按照设计思维的线路串联起来：

- 速写
- 情景化
- 讲故事
- 内部交流

这就是绘制概念图的过程，而且会一直贯穿整个构思阶段：

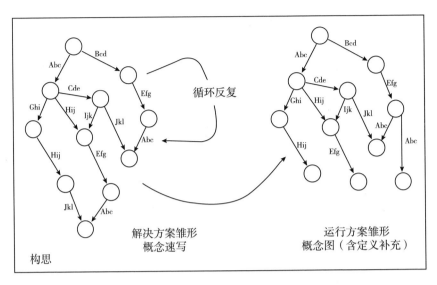

图4.5　构思阶段的概念图类型

对于所有这些，概念图都是推进流程的核心工具。下图来自一个客户（公共部门）寻找设计灵感而绘制草图的案例。

记住，我们在探究阶段需要：

- 填补漏洞（缺少概念和其相互间的关联）
- 做概念"修补和复原"工作
- 做得比以前更好
- 学习"A–Ha"时刻
- 对新事物有新设计

此外，还有一些在构思阶段很有用的技巧（Liedtka and Ogilvie，2011）：

- 探究极致

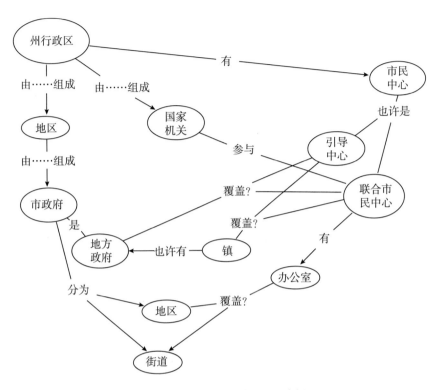

图4.6 公共机构的概念图速写案例

- 更换参与者
- 建立新场景和新趋势
- 制造"矛盾"
- 假设"如果我们是别人会怎样？"
- 尝试站在未来回顾现在
- 尝试新的组合

　　另一种激发创意的重要方法是建立方案雏形。方案雏形可以按照概念图设计，但要用不同的方式来测试有效性。当然，方案雏形也可以采用一些简单的工具（如微软开发的PowerPivot、Tableau软件公司开发的Tableau和许多其他工具）以获得数据库支持的雏形。查看数据——有时——可以揭示出一些"隐藏的秘密"和看到组织内部大多数人员无法看到的事实的另一面。概念图中概念雏形和基于实时数据的快速"概念证明"相结合是非常强大的。

构思阶段是三个阶段中最为重要的一个。正是在这一阶段，当您运用您在探究阶段获得的对企业的了解时，业务价值就得以被创造出来。设计思维方法有助于业务人员和分析师改变企业现状，为建立新的、更好的概念解决方案奠定基础。如果您觉得自己无法将创造力强加于表面，那很可能是您的理解范围太过局限或者不够完整。您需要回到上一环节去探索更多以便看是否能够找到一些地方可以"彻底颠覆"，比如说，能够帮助您在后期的设计环节中更加有创造性。

经验表明，通过使用实时概念图，您能够获得很好的解决方案——但这需要时间。一些问题是难以处理（"棘手的"）和难以攻克的。您可视化的速写、情景和故事越多，就越能更快获得解决办法。

同样的，经常研究专业术语可以帮助您从总体上改进解决方案。下面是一个物流领域的案例：

一家物流公司有一项业务，需要打包广告宣传册和报纸并运输到经销商手中，以便这些经销商能按照精心规划的路线进一步将其分发至各自顾客手中。传统上，他们认为包装应该包括：

- 机器打包（用机器打包好一捆捆包装的小册子等）
- 手动打包
- 经销商打包

换言之，他们的一天都充斥着来自不同类型程序的非常低级别的、迥然不同的信息。事实是，他们的业务是生产分发包装。所以，所有的事物都要由这一核心概念驱动。这确实拓展了可视的信息，从而形成了好得多的见解。这也意味着价值链可以通过数据仓库进行非常高端的追踪。配送部门只需要按照路线配送，而他们需要配送的包裹自然会由物流部门传递到手中。

因此构思阶段包括许多寻找改进业务某些方面的不同途径的尝试。依旧把企业比作一幢大楼：或许我们能够拆掉一堵墙？安装一个新的楼梯？调整一些办公室？

下面是另一个来自小微企业领域的概念图示例，它似乎找到了好的解决方案：

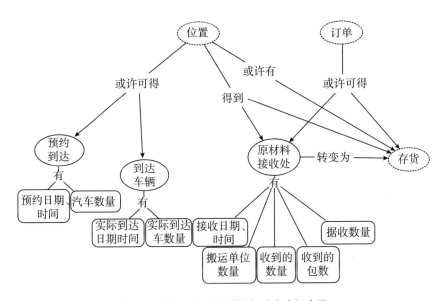

图4.7　在物流领域的潜在解决方案概念图

注意：在上述概念图中，虚线框表示该概念在另一张图里有详细描述。这种方法经常使用是因为您可能会有上百个概念——多到一张纸无法展示。

4.6   泛化与特化

人类最强大的工具之一就是我们说的"泛化"。相反，特化也非常重要。

在概念分析中——有时——您会陷入困境。停滞的原因可能过于复杂。这种情况下，"泛化"可能是一种继续前进的方法。您可能会看到5到15个有着复杂关系的不同概念。显然，您可以通过引入一个新的概念（或许之前并不知道）来简化介绍。

下图为一个非常复杂的官方地址结构：

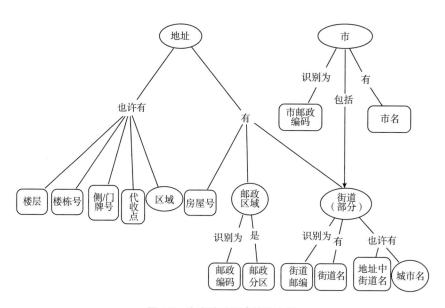

图4.8　官方地址概念的概念图

新的、泛化的概念也许其本身就是"难解之结"的解决方案。之后，您需要做出判断：详细信息（概念和其相互间的关联）是否真的必要？如果企业能够接受更泛化的概念那就没有问题。要摆脱不必要的复杂。泛化是一个非常强大的缩小范围的技术。"没有它，就别

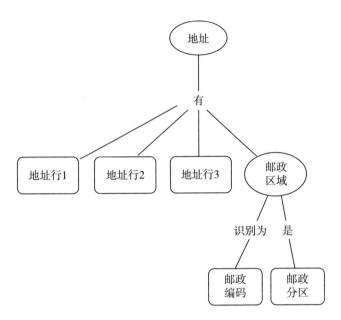

图4.9 一个简化（泛化）的地址概念图

出门！"

上图是一个简化的地址结构。

在另一方面，有些情况下，您会因为缺少信息而陷入困境。此时，您需要分情况，研究细节，并以此为出发点。显然，只有和业务人员对话沟通才能做到这一点。还有谁会知道如何"下一层级"？

4.7 抽象层级

您在看抽象层级时经常会产生一些困惑。例如：我们（在同一组织）讨论的是"汽车"还是"机动车"，还是两者都有呢？"发动机尺寸"是属于汽车还是机动车的概念？如果这些弄错了会导致后期非常昂贵的IT系统数据模型和应用的返工。

4.8 实施研讨会

记住，构思阶段总结了一些可供选择的解决方案雏形概念图。业务经理应该再次回到这一阶段，以便对这些解决方案进行排序并选出其最为青睐的终极方案。

最后阶段剩下的工作就是将解决方案设计细化。这包括设计最终详细的概念图。这些概念图记录和传达了将在业务中继续使用的相关概念及其相互间的关联。

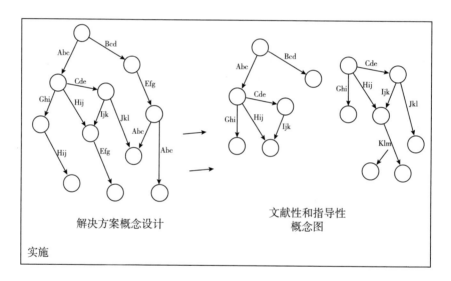

图4.10　实施阶段的概念图类型

概念图可以作为系统文档、管理的指导方针、内部网络信息、新员工培训课程材料，等等。

下面是概念层级的解决方案示例：

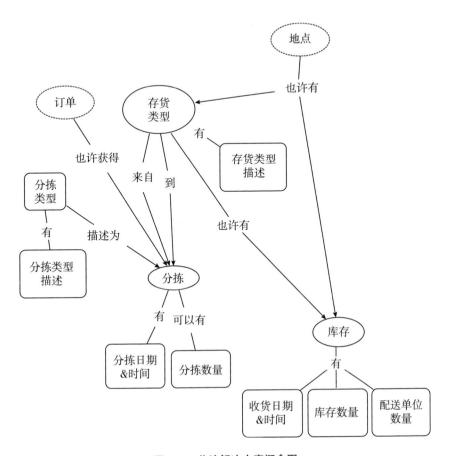

图4.11　物流解决方案概念图

　　根据解决方案是否应该有信息技术支持，设计也可以形成不同的逻辑数据模型。图4.12是一个在商业智能环境中表示多维结构（一个星型模型）的示例。

　　一个客户给这种特殊样式的图表起了个别名"孔雀图"！在商业智能建模中，这样的结构是一种新的展示风格，在BI（商业智能）专业术语中通常称为星型模型。

　　在这一阶段，我们设计的是实际建构阶段的输入端。这样做之后，我们可以放开束缚，开始让"泥瓦匠和木工"重塑未来。

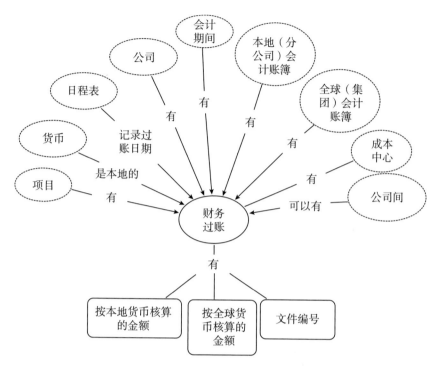

图4.12　一个商业智能解决方案概念图

4.9　敏捷方法

商业分析师可以转移至下一个主题区域，并在那里执行相同的流程。在中型公司中普及业务概念图是完全可行的。显然，从业务优先的角度出发您会先做一些前期重要的业务事项，并且只开始一些更高优先权的活动。

当然，更敏捷的方法也是可行的。一旦您开始对关键的概念主题区域（使用一些总体的概念图）有一个好的、顶层的概述，您就可以建立一系列的敏捷项目管理工具（sprints），用于对主题区域细分后的探究、构思和实施。最好限制您自己仅绘制一页的概念图，这样您就能进步的非常快。不过，建议至少举行两阶段的会议（研讨会），以便给潜在意识一些时间与概念结构和谐共处。有时，当您再次拿起概念图时，您会惊奇地发现您突然有了洞察力、灵感和那些美妙的"哇，我明白了"的时刻！

一个在构思阶段的典型事件流程可能如下图所示：

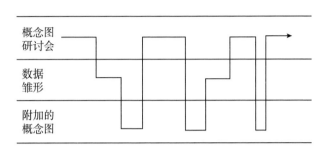

图4.13 构思阶段的流程示例

图4.14是（再次）本书提到的头两个阶段的概念图：

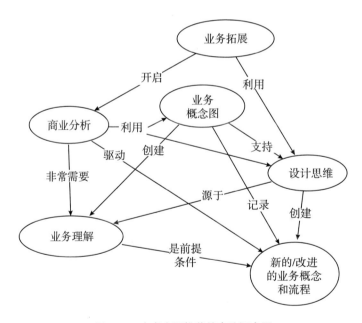

图4.14 本书主要推荐的高阶概念图

下一步是开始绘制业务概念图——从哪里寻找业务概念和怎样将它们绘制成图。

业务概念图

"定义术语是智慧的开始"。——传统上认为是苏格拉底的名言
（469 BC–399 BC）

5 去哪里寻找有意义的业务信息

业务信息，尤其是业务概念显然随处可见。本章将提供一些例子说明要寻找哪些信息以及去哪里寻找。从商业模式开始，而后进入，例如 Excel 表单、会计账表、数据库和应用程序、报告、文件、内网信息、互联网等。即使 Excel 公式也可以表现为概念图，这样很有意义。一些广泛应用的 Excel 表单包含了非常重要的计算，例如关键绩效指标。这些指标对于公司的运营是至关重要的。业务概念和其相互间的关联是一些组织最为重要的知识。您应该将这些知识公之于众。

您会意识到，您用于特定业务的概念知识只存在于少数人的头脑里。这本不该如此。它对您的组织来说是一个（相当大）的风险。

这意味着您必须在"采集业务概念"的过程中就纳入头脑风暴会议。少数关键人物头脑中的默契是最基本的。这些是最重要的需要打开的"门"以便探究里面有何东西。然后，您需要将它们放入"大楼平面图"中——在业务领域中的概念图。

本章的目的是提高业务人员看待如汇报和分析一样的日常活动的认识。

5.1　开始您的商业模式

《商业模式的产生》（Osterwalder and Pigneur，2010）在本书前面有所提及。商业模式是建立在商业模式的九个模块基础上的：顾客细分、价值主张、渠道、客户关系、收入来源、关键资源、关键行动、关键合作关系和成本结构。

商业模式生成的方法是非常巧妙和有用的。它不仅解决了业务建模过程，而且也提供了现代的、简明的和已经相当完整的"框架"用于在整体层面上描述您的业务。

这些在之前都是缺失不见的。"企业架构"对于商业人士来说并不是很有吸引力。他们经历过这样的脱节——企业架构相当精细规范，而在现实中，业务人员常常夜不能寐（因为情况很糟糕）。这种分裂实际上是用发展信息技术的方法发展企业业务的一个非常大的问题。通常，此类项目是在工程方法的基础上处理的（以稳定性为核心）。现在这些事正在改变。概念图（以有效性为核心）是商业模式、业务计划、战略树等的完美结合。

在本章中，我们将研究在哪里能找到概念和其相互间的关联。在第六章中，我们将会研究怎样实际的绘制概念图并以此为出发点。

让我们回顾一下概念图与商业模式生成方法的结合：

如您之前所见，商业模式可用业务概念图非常巧妙的表示出来。所有概念都很高级，但是那很好。根据定义，商业模式就应该是高层级的。画布和概念图的结合是对复杂描述的高度概括后的呈现。如果您试图解释所有这些组合图的全部含义，可能需要30页的文件。

这就是为什么本书非常建议您尽快在商业模式基础上绘制一张总括级别的概念图。然后您可能需要再画九张概念图—每个商业模式的模块一张并保证它们只有一页的大小。

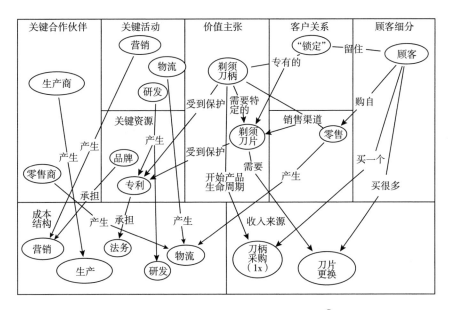

图5.1　在商业模式画布上的吉列商业模式[①]

您会对这十张图带来的全局视角和控制力感到惊喜若狂。没有它们就别离开"家"!

5.2　如何识别业务概念

正如大多数人所知道的,大多数情况下的关键问题是:何事? 何地? 何时? 何人? 怎样? 为什么? 最后但同样重要的是:多少钱?

"怎样"可以分为两个独立的问题:

- 如何做?
- 做这件事的规则是什么?

---

① 《商业模式的产生》威利出版社2010年版。

我们将让业务流程专家决定"如何做"。业务流程的好处就是您总是可以改变和调整它们。对于"何人"这个维度也同样如此——至少在讨论业务内部组织事务时可以这么说。

从业务信息角度来看，规则是什么当然很有趣。业务规则是业务信息内容和业务流程间的桥梁。但它们是低级别的东西，甚至可以认为是最低级别的分析。大多数的规则都会滞后在，例如一个系统设计的程序之后。因此，在分析时知道什么时候停止是一个非常重要的技巧，这也正是您应该积极思考的问题。

"为什么"视角特殊之处在于，它本质上连接起了商业模式、业务战略、业务计划和支持它们所需的业务信息。对我们（分析师）而言，它们是灵感的来源。而且我们甚至可以对它们进行评论和提出改进意见。但是，它们属于业务管理范畴，而不是概念图。

在"业务对象"、"参与者"、"事件"和"衡量标准"的范畴内思考，它们一起像这样：

角度	解释	示例
何事？	"业务对象"；有形的还是抽象的	订单、产品、城市、顾客
	也许代表一些"事物"是您能剔除的，也可能是一些关于业务的大的事件	发票、财务报表、预算表以及所有这样的"事物"
何地？	本质上是另一种类型的业务对象	城市、分公司、部门、地址
何时？	各种形式的时间和日程安排 本质上是专门化后的业务对象	年、日、财政年、一天当中的时间等
何人？	商业模式中的主要"因素"是业务对象层面的表现形式，不是个人层面	顾客、行政管理机构、合作伙伴供应商、员工等
多少钱？	用于开展、管理和控制业务所必要的"衡量标准"	发票清单、金额、数量、机器运行时间等

注意，"业务对象"通常都会配有对应的解释说明。这些可能是文

本也可能是对其他属性如大小、颜色、年龄等的描述。

上面所述——在概念图的方法中——都属于概念。

显然，概念是很有意思的。顾客下订单、产品有定价，等等。在概念图的方法中，这些关系都由概念间的连接线表示：

图5.2　一张非常基础的概念图

请注意，这个小的概念图可以解读为一个句子。两个概念分别是主体和客体。关系描述是"动词"（或者说"谓语"——如果用正式的语法概念的话）。这些使得概念图非常直观，从而能为大多数人（那些知道业务是关于什么的人）所理解。

让我们接着去看看哪里能够找到关于业务概念和其相互间关联的知识。

5.3　概念图头脑风暴研讨会

正如第四章所描述的，研讨会是成功将设计思维方法运用于概念图来进行商业分析的关键。

本书的下一部分将向您介绍关于组织内业务概念（及其相互间的关联）知识的其他来源，例如Excel电子表格。

有很多的理由可以证明这些（"被动"）的信息来源是远远不够的：

- 信息来源可能不具有代表性（谁知道呢？）
- 信息来源可能不完整。
- 信息来源可能已经过时。
- IT系统和业务流程的使用可能与最初文件记录的不同。

- IT系统和业务流程在不同组织内使用也不尽相同。
- 您在旧的信息来源中找不到完美的未来。

有很多理由促使我们去寻找人们思维之外的信息来源，这也将是我们在这章剩下部分需要研究的。但是，由于上述不确定性，所以这些类型的分析活动只能排在第二优先事项。

首先也是最重要的一点，您的项目的业务驱动力非常像是利用设计思维的方法去改变、完善、返工、创造一些事物。研讨会被证明是创造力和智慧的熔炉。（市面上可以找到不少关于这一点的心理学书籍和论文）。而且当您在头脑风暴研讨会上使用CmapTools或者其他类似软件工具时，它们的效果非常好。

您想要哪一种特定风格的研讨会取决于文化、您自己的风格和出席的人员。请参阅第四章以了解关于召集什么样的人参加会议和具体流程（从探究到构思再到实施）是怎样等相关细节信息。

关于商业分析研讨会有不少好书。其中一本是《商业分析技术：72个通往成功的基础工具》（Cadle et al.，2010）。

除了正常的研讨会，还有一些其他的事情需要考虑。

使用概念图、概念定义和各个车间共同维护的简单的ToDo-lists（待办事项任务软件）就几乎可以完成接下来的所有事项。

由"记录员"和"推进者"引导的研讨会已经给我们带来了很好的结果。推进者使用数据投影仪操控概念图工具，而记录员捕捉（以文本形式）ToDo-lists上所有其他注解和事项。

使用概念图的头脑风暴非常有效。您可以"白手起家"，也可以提前准备一些概念图（查看本章中描述的信息来源）。

几乎所有情况下，概念图都可以替代"发言贴"和"谈话墙"。当然，您或许也会想要用一些传统工具去研究特别难理解的概念，概念图取代了思维图，而且其更加有效。（现实世界的概念图看起来不像是雪花片，而更像由相互连接的图形组成的网格）。

回顾第四章，列出您在三个阶段中都需要经历的问题清单和观测结果。

当然，研讨会的时间长短和数量都取决于项目范围的大小。一些小任务可能在几小时内就可以完成（从探究到构思再到实施），而其他的（更大范围的）项目可能每个阶段都需要1–3个研讨会。建议研讨会的时间最好不要超过四个小时。无论是参与者还是促进者高度集中注意力的时间都不能再更长了。

在研讨会之间，分析师/记录员/促进者有下列工作需要做：

- 记录结果（例如：使得概念图更好看，编辑和改进文档，等等）。
- 准备下一次研讨会（可以是从例如Excel和其他类似的被动信息来源描绘出来的一些概念图草稿）。
- 采访相关知识丰富的人以排除不确定性和解决开放式问题。
- 通过实际数据确认概念间的相互关联。
- 向项目经理或是企业主汇报进展情况。

如上所述，头脑风暴的研讨会（参见上文第四章）是所有概念知识的最佳信息来源。所有其他信息来源都应看成是附赠的。它们也许在准备阶段（研讨会之前）和/或作为概念信息细节来源———一旦核心业务概念被定义并固定在业务概念图上正确的位置时是有用的。

为了强调头脑风暴的重要性：在物流公司的构思阶段，内容是送货过程 中的停留站点。因为各种业务原因，停靠一些站点的费用相较所送的货物价值来说是极其不合理的高。为了更加深入的研究这个问题，可以速写一张"地点适宜指数"（在ERP系统里实施）。这可以在商务智能的构思环境中实现，但可能无法在日常运营中自己产生。

现在让我们看看被动来源中哪里可以找到关于业务概念及其相互间关联的有用信息。这通常作为预先准备的一部分和/或实施阶段的细节分析和设计的一部分来完成。

5.4 Excel: 意义所在！

微软的Excel（和其他一些电子表格软件，如OpenOffice）包含了很多关于概念的知识，您可以用它们来运营业务！就是这么简单。让我们通过一个例子来看看如何从Excel表格中提取概念（及其相互间的关联）。

我们将从一个非常基本的电子表格开始：

	A	B	C	D	E	F
			一季度	二季度	三季度	四季度
1	产品	顾客				
2	爱丽丝羊肉	ANTON	$ -	$ 702,00	$ -	$ -
3	爱丽丝羊肉	BERGS	$ 312,00	$ -	$ -	$ -
4	爱丽丝羊肉	BOLID	$ -	$ -	$ -	$ 1,170,00
5	爱丽丝羊肉	BOTTM	$ 1,170,00	$ -	$ -	$ -
6	爱丽丝羊肉	ERNSH	$ 1,123,20	$ -	$ -	$ 2,607,15
7	爱丽丝羊肉	GODOS	$ -	$ 280,80	$ -	$ -
8	爱丽丝羊肉	HUNGC	$ 62,40	$ -	$ -	$ -
9	爱丽丝羊肉	PICCO	$ -	$ 1,560,00	$ 936,00	$ -
10	爱丽丝羊肉	RATTC	$ -	$ 592,80	$ -	$ -
11	爱丽丝羊肉	REGGC	$ -	$ -	$ -	$ 741,00
12	爱丽丝羊肉	SAVEA	$ -	$ -	$ 3,900,00	$ 789,75
13	爱丽丝羊肉	SEVES	$ -	$ 877,50	$ -	$ -
14	爱丽丝羊肉	WHITC	$ -	$ -	$ -	$ 780,00
15	茴香糖浆	ALFKI	$ -	$ -	$ -	$ 60,00
16	茴香糖浆	BOTTM	$ -	$ -	$ -	$ 200,00
17	茴香糖浆	ERNSH	$ -	$ -	$ -	$ 180,00
18	茴香糖浆	LINOD	$ 544,00	$ -	$ -	$ -
19	茴香糖浆	QUICK	$ -	$ 600,00	$ -	$ -
20	茴香糖浆	VAFFE	$ -	$ -	$ 140,00	$ -
21	波士顿螃蟹肉	ANTON	$ -	$ 165,60	$ -	$ -
22	波士顿螃蟹肉	BERGS	$ -	$ 920,00	$ -	$ -
23	波士顿螃蟹肉	BONAP	$ -	$ 248,40	$ 524,40	
24	波士顿螃蟹肉	BOTTM	$ 551,25	$ -	$ -	$ -
25	波士顿螃蟹肉	BSBEV	$ 147,00	$ -	$ -	$ -
26	波士顿螃蟹肉	FRANS	$ -	$ -	$ -	$ 18,40
27	波士顿螃蟹肉	HILAA	$ -	$ 92,00	$ 1,104,00	$ -
28	波士顿螃蟹肉	LAZYK	$ 147,00	$ -	$ -	$ -
29	波士顿螃蟹肉	LEHMS	$ -	$ 515,20	$ -	$ -
30	波士顿螃蟹肉	MAGAA	$ -	$ -	$ -	$ 55,20
31	波士顿螃蟹肉	OTTIK	$ -	$ -	$ 368,00	$ -
32	波士顿螃蟹肉	PERIC	$ 308,70	$ -	$ -	$ -

图5.3 一张用微软Excel工作表制作的数据表格[①]

① 这一电子表格下载自微软的办公软件模板网站。

下列概念是很容易识别的：产品、客户、季度和销售额（那些数字）。显然产品和销售额、客户和产品销售额、季度和销售额间都存在某种类型的联系。

费用表
你的公司, Inc.

	2012-06-30	2012-07-01	2012-07-02	2012-07-03	2012-07-04	2012-07-05	2012-07-06	合计
名字						截止时间		2012-07-06
每类里费率	$0,67							
里程数	145			15			100	260
补偿	97,15			10,05			67,00	174,20
停车费和过路费								
租车费	12,50			25,00				37,50
的士/豪华汽车				1,25				1,25
其他（火车或大巴）								
机票								
交通费合计	109,65			36,30			67,00	212,95
住宿	162,00			181,00			251,00	594,00
早餐	12,50	10,00		3,75	4,75			31,00
午餐	1,87							1,87
晚餐	18,65	23,00	18,25		19,75		15,00	94,65
餐费小计	33,02	33,00	18,25	3,75	24,50		15,00	127,52
食宿合计	195,02	33,00	18,25	184,75	24,50		266,00	849,04
供应商/设备								
电话, 传真								
娱乐								
日花费合计	304,67	33,00	18,25	221,05	24,50		333,00	934,47

图5.4　一张使用微软Excel软件制作的带计算公式的经典费用表①

查看表格（暂时忽略公式），我们可以从中提取以下概念图：

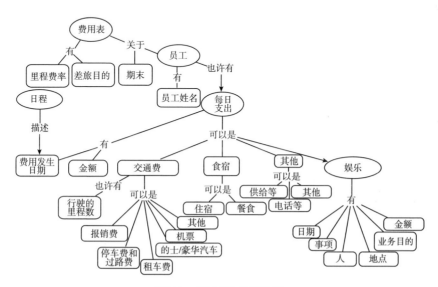

图5.5　费用报告的概念图

---

① 这一电子表格下载自微软的办公软件模板网站。

这不仅告诉我们很多费用表的内容，而且能在总体层面描述差旅费用政策。创建的人（我）一直很机械，因为他把"每英里费率"纳入进费率表里。这就是看起来的样子，但实际上，很可能一段时间会有一个不同的里程费率（从一个日期到另一个日期），它可能是变动的。而且，每英里的报销金额也不是很清楚。检查公式，我们可以发现在单元格E12到K12包含公式：=IF(E11; ROUND(+'费用表'!D8*E11; 2); "")（译者注：由于版本问题，此处公式仅做示范）。因为D8是实际的里程费率（B8中的文字告诉我们的）。并且，由于E11到K11是"行驶的英里数"（B11中的文字告诉我们的），我们可以得出结论，单元格的引用是具有意义的。也就是说，报销（B12中的文本）是一个概念，由"行驶的里程数"乘以"里程率"计算得出。

这些知识使得我们能够重新绘制概念图，我们修正了报销的内容，同时也考虑到我们调研的组织制定的里程费率的财务政策。

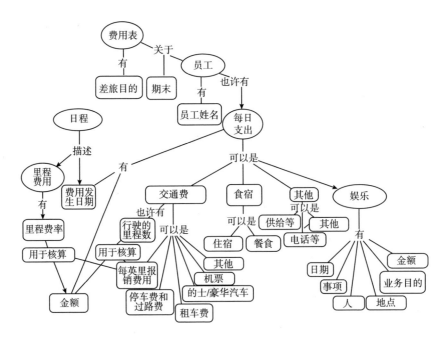

图5.6 拓展了里程费率的费用报告概念图

请注意，里程率现在本身就是一个业务对象——反映出公司有一个随时间变化的里程率列表。

当然，您不需要成为一个Excel高手来解决这个问题。如何计算里程补偿对于大多数员工来说都属于常规知识。您可能知道很多例子中，Excel表格里复杂得多的公式实际展示了概念之间的相互关联。这就是正在发生的事：视觉上，我们就能够看到一些概念（典型地）具化成了某些单元格中的文本。而且，透过表面，公式实质上建立了很多概念间的关系。一些Excel的功能——除了引用单元格，还可能具有以下的含义：

- 汇总（听起来微不足道，但其实并非如此）。
- 大部分数据库的功能
- 许多财务职能建立在一些您必须遵循的概念模型上。
- 许多查找和引用函数（如 VLOOKUP 等）实现了概念间的关联。
- 相当多的文本函数（比如 FIND, SEARCH, MID, LEFT 等）被使用是因为它们暗示着单元格中数据间的相互关联。

总而言之：您最重要的和最常用的Excel表格是获取您的关键业务概念的关键资源！另一种解释是，Excel表格之所以那么多也许就是因为它们（至少有一些）是有意义的！

5.5 会计账表意义深远

大部分人认为会计账表是很单调的，而实际上它们意义深远（见下表5.1）。

表5.1	会计账表样例
7100 成本	
7105 销售成本	
7205 原材料成本	
8000 运营费用	
8100 大楼维护费	
8200 管理费用	
8300 电脑费用	
8400 销售费用	
8500 车辆费用	
8600 其他运营费用	
8610 库存现金损益	
8620 坏账费用	
8630 法律和会计服务费	
8640 其他	
8700 人工费用	
8710 薪金	
8720 工资	
8730 养老保险费	

　　首先是账号层次结构。上面截选的是会计科目表的一小部分（特别随意的）。其中"库存现金损益"是属于"其他运营费用"下的明细科目，而"其他运营费用"又属于"运营费用"下的二级科目。如果我们打开"销售费用"（或者任何其他费用的会计科目组），我们可以找到其他有趣的层级分类方式（这就是我们在此所要讨论的）。总账本身也是概念。下面是库存现金差异的概念图。

　　加入现实生活中的会计科目表，您会发现既有许多行业特有的概念名称又有很多公司特有的概念。例如航运公司的会计科目表中的账号名称包含了很多航运业专用术语。例如，船舶承租方、中介方、所有人（船舶所有者）、燃料（燃油）、经纪人、燃料掉期、T/C（定期租船，用于许多装箱单上）、IFO\MGO和MDO（燃料类型）、空仓费、L.O.W（最后一次开放水域）、集装箱超期使用费、滞柜费、速遣费、空放费、干船坞、装卸费、海运路线等。

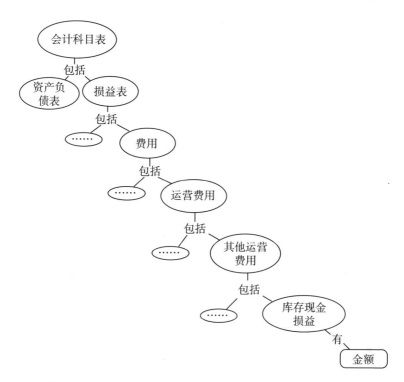

图5.7 用概念图展示的会计科目表中的库存现金损益产生的路径

当然，财务处人员认为自己是有道理的，因为他们掌握了理解公司经营内容的关键信息。

让我们稍微转换一下角度：

您的业务概念图对您而言是信息资产就像财务账表是您的金融资产一样。

会计准则有时会获得"模糊的画面"。总账科目"期间费用"和"管理费用"情况如何？它们都可能包括一些明细科目，如：租赁费、水电费、电话费、差旅费、咨询费和其他费用。显然，对"期间费用"进行透彻的讲解且对这些费用的入账制定明确的规则都是非常必要的。

这里还有一个观点的问题。会计关注的是公司运营的财务状况。显然，根据公司业务内容，经营所需关注的内容也是多方面的。这些方面很重要而且需要从会计之外的视野去寻找相关的概念。

5.6　应用程序和数据库也可能很有意义……

大多数人都认为数据库和应用程序可能充满了有用的概念。实际上，这不尽相同。

让我们从应用程序开始。在电脑屏幕和报告中的文字里也许有关于概念及其相互间关联的有用信息，而在文档（用户指南等）里可能也包括有用的信息。但是，请考虑以下因素：

- 应用程序是一个标准系统——一些概念和我们在自己公司中理解的不太一样。
- 文档可能已经过时。
- 我们没有按照最初设定的方式使用应用程序——例如，我们只使用了它的某些部分，而且是按照"新颖"的方式。

所以您这里一定要非常小心。让人员加入到组织中来——特别是那些真正知道正在做何事的人。这些人就是关键资源，是人们寻求帮助的对象。您需要提醒经理注意优先安排这些人的时间。

那么数据库呢？它们通常缺乏重要信息。下图是日常（对于IT人员）描述数据库结构的方式：

作为一个IT架构，它看起来确实有些技术性。请忽略从下图中看到的"PK"、"FK"、"I1"等字样。从下图（如果可以，想象您在直升机上），我们可以看到：

1.业务对象（例如人员）的属性"打包"在一起形成了属性列表。

在概念图中,我们希望概念间相互的关联是有名称的(例如,该人员居住在该街道)。这层意思不见了。换句话说,我们不能确定这一地址是居住地址还是送货地址。

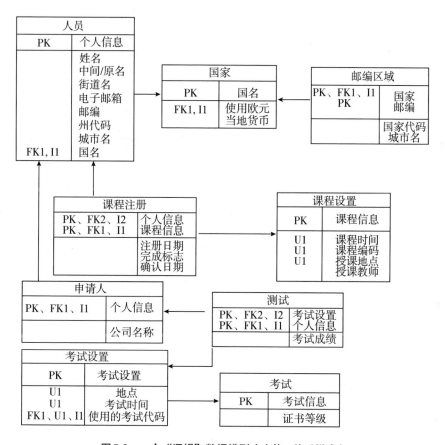

图5.8　一个"逻辑"数据模型(实体-关系样式)

2.有一些关系(用箭头表示,顺便一提,箭头指向的方向与直觉预期的正好相反),但是它们只存在于业务对象之间。

概念间的具体关联性需要去其他地方查找。此外,许多数据库也都是经过设计的:

- 很久以前，使用技术名称来代替数据库里的业务术语被认为是最好的实践方法（例如，"OHNUM"表示订单表头的编号等）
- 由压根不关心含义和术语的IT开发人员编写（导致比上条更糟糕的命名）。

同样，文档经常都没有更新。这意味着如果您想要从数据库设计中提取确切的概念就必须引入"IT"。以此为出发点，您需要确定数据模型。（理想情况下，它应该是和上图非常相似的图表，并附有对表格的描述—包含业务对象的属性）。但是您很可能无法得到您所需要的。

不过，并不是所有关于数据库的事情都可归咎于它。您经常可以观察到业务人员使用IT应用程序却迸发出惊人的创造力。文本框是一个很好的例子。在公司里，您会在文本边上的文本框最右边里输入比如"X"或"23"吗？那很正常。当然，X或23的含义是由一名用户或一组用户定义的，而且也可以指"在开发票前检查可用性"或者"确实需要关注部门23的事情"。这些问题，我们将在第八章进一步探讨（关于信息质量）。

当您想要做的是理解业务概念，就不应该花太多时间在数据库上。这其中有两个关键问题。一个是：如果您使用标准的ERP系统，您会否改变您的商业模式而去采用和ERP软件商定义的一样的概念模型呢？另一个是：如果您试图从数据库设计中"重新定义"概念，那么您必须查看实际数据。您必须确定，您在数据库看到的就是您所期望的。这是我们在数据仓库中经常做的事情，这看起来很像考古学……

5.7　报告

回到应用程序上来——报告通常是很有价值的。至少这些报告日复一日年复一年的被使用。让我们回到电子表格，它在理解您的业务中扮演着非常重要的角色。很多报告都是通过电子表格完成的。

5.8　文件和互联网充满意义

当然，您自己的文档和自己的网站都承载了我们这里寻找的业务概念。但是，为什么停止在这一步了呢？电子邮件怎么样？互联网总体如何？脸谱网？推特？那里有非常多有用的信息。

这里我们需要非常小心，很容易就跨越了边界。

5.9　掌控您的业务内涵！

如前所示，业务概念控制了业务流程。因此，它们对许多非常重要的（而且昂贵的）行动和文档意义深远。

- 员工经常会用到管理准则、会计账表和很多其他的文档。
- 电子表格——这些成百上千的电子表格的行标题、列标题及其公式里都含有概念。当您认真思考它们，这些概念就真正联系在一起了。
- 产品工程制造文件。
- 各种抵押品，包括您的网站。
- IT 系统要求和其他规范。
- 应用程序和数据库中的 IT 数据模型
- 商业智能报告，或者简称为"多维数据立方体"。

简而言之，概念控制了大部分正在发生的事：

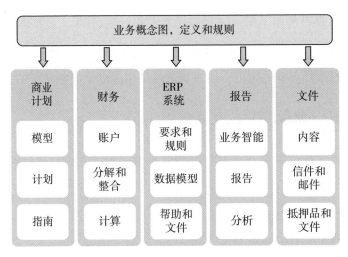

图5.9　在所有事务顶层的业务概念图

清晰的语言和连贯性至关重要。举几个例子：如果您下发给员工的指导材料使用了不同的概念和规则，会发生什么？或者，您的会计制度和公式与商业模式不匹配（这经常发生……）会发生什么？或者，您的报告基于以前的商业模式（有人看过了吗？）会发生什么？或者，您的网站是定义好的概念与其他别的东西的混合体？这样，困惑、错误和失误就会产生！

从长远来看，商业环境会变化。为了跟上这种变化，企业必须知道自己正在做什么（例如，理解它用于描述自己所处的和内在的世界的叙述的内涵）。过去30年里发生的最显著的变化都是因新信息技术而实现的。这包括了数据库、越来越强大的硬件、漂亮的图形、如同iPhone或iPad一样的交互式产品，等等。这样的变化不会很快停止。正如您将在第十章（关于"商业智能"）看到的，下一波浪潮——语义学——正在走入越来越多的公司。业务概念就是业务语义！相较第

十二、十三和十四章，语义的业务优势有很多。归纳来说，它们能够在汹涌的信息浪潮中提供更多智能价值的主张。

现在就开始着手绘制您的业务概念图—您需要它们触手可及！如果您能精心"培育"和"照料"这些业务概念，在本书的第三部分中所介绍的一些全新的业务机会就可能会实现。

5.10　业务方言

理解业务是最根本的。这就是业务概念图的意义所在。在您公司的"共同基础"（对含义的一致理解）上依旧可能存在一些重要的观念差异。它们应该得到充分的尊重，因为它们——经常——是基于坚实的业务理由而存在的。实际上，您会有"公司标准业务概念图"（但愿如此）。但是您——出于好的业务理由——也会有"大宗商品市场公司标准业务概念图"，而且您也知道在金融、制造和营销方面会有各自领域的"方言"。用图表示看起来有点像这样：

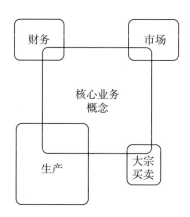

图5.10　业务概念和术语的区域重叠图

本书讨论的范围是核心业务概念。为了获取它们，您不需要查阅所有的资料、内部网页、电子邮件，等等。关键元素将是战略和战术文件（业务计划及其以下级别的文件）。大多数我们寻找的概念通过Excel电子表格、报告和其他我们目前为止已经讨论过的方法会容易获取得多。

这在撰写本书时确实如此。但是，异常强大的、新的技术海啸正在向我们袭来。文本分析工具（Text analytics）是值得查看的好方法，关于这点本书会在后面部分进一步探讨。

现在，既然您已经掌握了业务概念图，并且对其有充分的理解。从竞争对手和不同市场角度来看，这实际上意味着什么？ 显然，这里有一种可能性。如果您知道自己业务的含义，那么您也应该找出您的竞争对手的业务内涵（这可以通过即将到来的文本分析工具实现）。并且，您或许可以客观地进而明白市场的内涵。也就是与互联网搜索、脸谱和推特网站间的联系。

这强调了理解、定义和绘制业务概念对于业务至关重要的事实。而这样做可以更进一步促进业务的革新：作为绘制概念图流程的一部分，使用设计思维方式，创造性的革新概念解决方案。同时，它也是一个很好的方法，可用于缩短从业务辨析（概念图）到使用IT解决方案（使用图示层级的模型，如语义的RDF标准－参见本书第三部分）的时间。

我们已经研究了在哪里可以找到相关的业务概念，所以现在我们需要将它们绘制成图。

使用业务概念图进行业务创新

"世界不过是我们想象的画布。"——亨利·大卫·梭罗（Henry David Thoreau）（1817—1862）

6　如何绘制概念图

本章指导读者使用非常简单和非常成功的概念图技术，具有教育意义。自2005年以来，我们已在私人和公共部门的许多不同项目中使用了该技术。该技术非常实用且具有交互性。

业务概念图描述了业务概念及其关系，业务人员每天都会使用这些概念及其关系，并以自己的语言直观地表示，这意味着业务人员可以参与维护业务概念的工作。

关键思想是，业务概念模型的文档应使用既准确又直观的语言，同时又与业务非常接近。实际上，业务人员参与了工作，他们完全有能力自己维护模型——不受IT的影响！我们使用免费的概念图工具CmapTools（有关更多信息，请参见http://cmap.ihmc.us/）。您可以在附录2中找到有关如何安装和操作CmapTools的信息。我们在这里描述的是第二章中介绍的同一种概念图。本章将逐步介绍概念建模，详细介绍过程中的所有的而且很少的必要步骤。

6.1　概念图说明

业务概念建模的过程很简单。最初，一个引导者（可能是业务分析师）会采访一些有代表性的业务用户，以获得一个概述。同时，他/她还要求提供与主题领域相关的报告、备忘录、电子表格、IT系统文档、屏幕等样本。然后，分析师根据所有这些文档中的"收获"概念使用CmapTools生成一个或多个概念图草稿。然后，选定的业务代表被召集起来参加一个或多个2—3小时的研讨会（实际上是头脑风暴会议），目的是实际制作业务概念图的初始版本。可能是这样的（故意用很有"教育意义"的例子）：

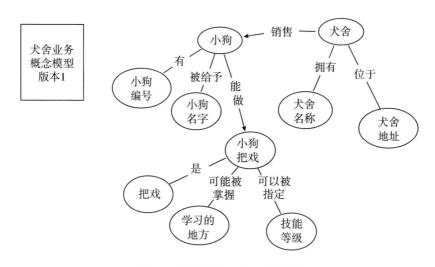

图6.1　早期版本的犬舍业务概念图

这是一个非常简单的表示，包括：

- 业务概念
- 他们之间的关系
- 一对多关系的指示（使用箭头）

没有更多的了。重要的是，术语实际上是业务的日常语言。还请记住，图表可以用句子来阅读（例如，小狗能做小狗把戏），当你出席头脑风暴会议时，这对于验证是非常好的。所有这些小"句子"在

CmapTools中都称为命题，它们是概念图的核心思想之一。

绘图规则：

◆ 在开始的时候，当你在头脑风暴或者画草图的时候，对所有的概念使用圆圈。

绘图规则：

◆ 说出概念之间的所有关系

绘图规则：

◆ 在开始的时候——请放心使用或不使用箭头（一对多关系）；你可以稍后再回来添加细节。

在研讨会上的后续迭代中，将使用其他潜在的反馈机制（如电子邮件、内部网等）进一步完善业务概念模型。最终结果可能如下所示：

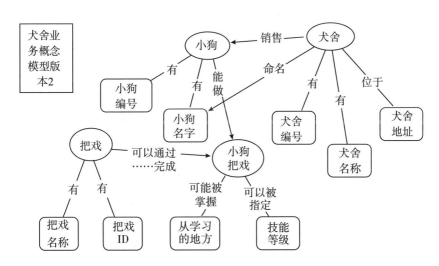

图6.2 扩展了业务对象属性的犬舍业务概念图

更多的概念已经被引入，并且"把戏"已经被分离。圆圈中的所有概念都表示业务对象（请参见以下文本中的定义）。

注意，在概念图的第二个版本中引入了一种新的图标类型——带圆角的矩形。它们用来表示属性。换句话说，业务概念表示业务对象或业务对象的属性。

绘图规则：

◆ 使用圆圈表示业务对象。

绘图规则：

◆ 使用圆角矩形表示业务对象的属性。

这种方法有可能遗漏一些东西。请注意，在上面的模型中"犬舍位置"可能不仅仅是一个属性，更可能是一个复杂的地理概念模型，例如带有城市、邮政编码、街道等的邮政地址。但是，您必须在某处停下来！因此，地理可能被认为超出考虑范围，暂时简化为一个简单的文本属性。

6.2 什么是业务对象?

它们基本上就是与企业合作的所有"事物"，包括"代理商"（人员或组织）和"文档"（例如发票等）。

我们在第2章中看到的汽车租赁示例具有以下基本业务对象：分公司，客户，预定，汽车和租赁。其他一些业务对象是：汽车组，汽车型号，俱乐部会员，折扣和升级，甚至是"不良记录"！

6.3 业务对象的属性

属性是我们用来描述业务对象的概念。一个例子是颜色的概念，这显然是汽车的一个特性。不过，欧盟租车公司对颜色一点也不感兴趣。在他们看来，以下是了解汽车的必要条件：

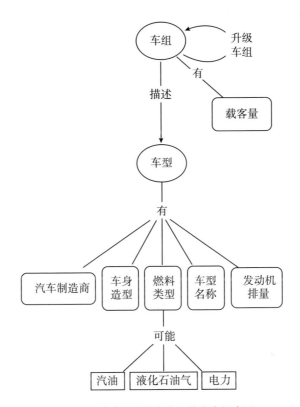

图6.3 来自欧盟租车公司的汽车概念图

注意所有描述租车的属性。另请注意，在上图中，"燃料类型"被指定为具有三个（可能更多）可能的值：汽油，液化石油气和电力。用于此的图标是方形矩形。这可能是一个很好的主意，可以用来解释您在概念模型中正在谈论的内容。但是不要一直使用它。在上面的示例中，具体一点是有意义的，因为并非每个人都将电力视为一种燃料。在这种情况下，这就由欧盟租车公司决定。

绘图规则：

◆ 为了教学目的，使用方形矩形表示（数据的）实际值。

6.4 定义和其他规范

剩下要做的是一个简单的文档，列出所有概念并提供文本描述，例如：

◆ 定义

◆ 说明和评论

◆ 类型

◆ 特殊规则

◆ 样本值

这既适用于概念本身，也适用于它们之间的重要关系。下面是一个基于上述汽车细节概念图的示例。下表是一个简单的"业务词汇表"，提供了正在使用的概念的定义和示例（在欧盟租车公司示例中）。使用Microsoft Word或Excel或类似软件进行这些文本描述。

表6.1 业务词汇表

概念名称	定义	类型	评论和示例
车组	提供不同型号的汽车出租，分成若干组，以确定价格点	文本	家庭型
升级车组	当请求的车组中没有可用的车辆时使用升级车组	文本	
载客量	包括司机在内的成年人的数量	数字	

续表

概念名称	定义	类型	评论和示例
车型	给定型号的汽车都是按照相同的规格制造的，例如车身样式、发动机尺寸、燃料类型	文本	福特嘉年华
汽车制造商	欧盟租车公司决定与之做生意的汽车制造商	文本	福特
车身造型	基于行业定义的标准对汽车模型进行分类	文本	轿车、双门轿车、敞篷车
燃料类型		文本	石油、液化石油气、电力
车型名称	欧盟租车公司的车型名称基于汽车制造商指定的车型名称，但有时必须对其进行扩展，以区分发动机尺寸和车门数量不同的车型	文本	福特嘉年华1.6四门
发动机排量	指发动机气缸容量（单位：立方厘米）	数字	

当您看车身造型的时候，再次验证之前的例子。当人们看到轿车、双门轿车等时，他们会想："啊哈，这就是他们所说的"。如您所见，有些定义并不明显。例如："载客量"是成年人的数量。谁会想到呢？企业和组织都充满了这样的怪事。如果我们能把他们公开，那就太好了。

如前所述，关于如何使用定义的权威书籍是《信息管理中的定义（*Definitions in Information Management*）》（Chisholm 2010）。这是一本很好的书，强烈推荐作为本书的配套学习资料。

业务词汇表文档和概念图是核心业务文档，例如，应该在内部网上发布。这确保了组织中的每个人都使用精确且定义良好的术语——这是业务概念图的关键好处之一。

6.5 结构化概念

如图中所示，我们使用连接线来描述概念之间的关系。关系很重要。它们将结构添加到概念图中。一般有三种关系：

- 一对一
- 一对多
- 多对多

一对一关系存在于两种情况下：

1.在一个业务对象和它的一个属性之间（通常一个业务对象只有一个属性的出现，例如引擎大小，但也有例外）。

2.在两个业务对象之间，如欧盟租车公司（如欧盟租车瑞典分公司）及其保险公司（为欧盟租车公司提供服务的保险公司）。

下面是业务对象属性的另一个示例：

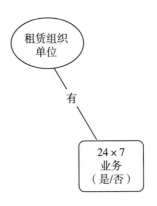

图6.4　租赁组织单位24×7物业

换句话说，"租赁组织单位"（可能是一个分支机构）要么有24×7的业务，要么没有（请注意，仍然被认为是一对一）。

下面是保险公司的例子：

图6.5 两个业务对象之间的一对一关系

业务对象之间的一对一关系并不那么频繁，但它们确实会发生。

绘图规则：

◆ 使用不带箭头的连接线来表示概念之间的一对一关系。

一对多关系是业务对象之间的正常情况。第二章中首先给出的概念图示例中包含了以下内容：

请记住，我们使用箭头来表示关系的"许多"面。严格地说，一对多实际上意味着：一个业务对象可能与另一个业务对象有零、一个或多个关系。

这意味着一个客户（在上面的例子中）可能没有租金，仍然是一个客户（至少是该图所说的）。如果不是这样的话，就应该在客户概念的定义中记录下来（换句话说：当我们可以称呼某人为客户时，有什么规则——在现实世界中这些规则可能相当复杂）。

绘图规则：

◆ 在"许多"侧使用带有箭头的连接线来表示两个业务对象之间的一对多关系。

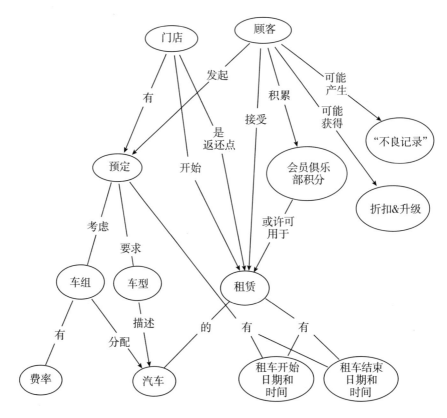

图6.6 欧盟租车公司业务概况

那么，多对多的关系呢？从表面上看，这似乎是一件很常见的事情。例如，客户和门店之间确实存在多对多的关系。任何一个客户可能访问过许多门店，当然（希望）每个门店都有许多客户访问。然而，在现实生活中，发生的事情是我们（商业人士）介绍一些东西来记录这种关系。在汽车租赁业务中，"某物"就是租赁（协议），见上图。换句话说，在几乎所有的情况下，多对多的关系都是具体的。可能是一个类似于协议或类似的人工构造，但它本身却是一个真正的业务对象。

如果遇到无法命名为"中间事物"的情况，则可以选择以下方式绘制图表：

图6.7　两个业务对象之间的多对多关系

绘图规则：

◆ 仔细检查在多对多关系中是否真的没有业务对象。如果确实缺
   少，请使用两端都带有箭头的连接线（提示：使用CmapTools
   样式选项板的"连接方向"部分）。

关系的名称很重要。通常，您可以使用以下一种常规关系类型：

● "具有"，表示某物"拥有"另一物
● "描述"，表示其他内容（通常是"属性"）描述了某些内容
● "由……组成"或"分为"或"包含"，表示某事物是其他事物
   的集合，上层或概括

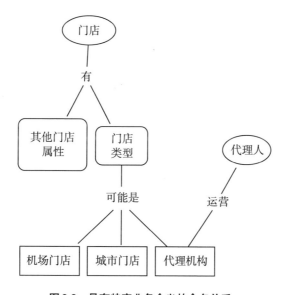

图6.8　具有特定业务含义的命名关系v

- "可能是"，表示某事物可能是其他事物列表中的一个。

但是在某些情况下（而且其中有很多人不应该想到的），一个更具体的词（通常是动词）才有意义。

在上图中，代理人是"代理机构"类型的"运营"分支。

这种特定的关系名称非常重要，您应该尽量不给它们起描述性的名称。

最后，在上面的一些图表中，注意到我们将同类关系"捆绑"在一起。所以，不要这样做：

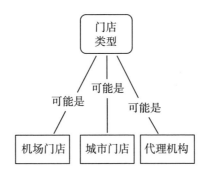

图6.9　许多具有相同含义的关系

而我们这样做：

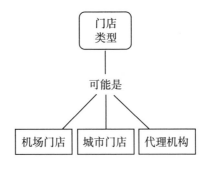

图6.10　具有相同含义的许多关系简化为一个

绘图规则：

◆ 将同一类型的关系捆绑在一起使图表更易于阅读。

6.6 概念图布局

这里有一些指导方针来制作不错的概念图。许多人本能地从上到下和从左到右看问题（但这方面存在文化差异）。因此，遵循这个心理事实使图表更容易阅读。

建模规则：

◆ 整理概念图，以便从上到下，从左到右（或根据您自己的文化习俗）阅读它们。这将有助于更直观地理解概念和结构。

不应将所有内容塞满一页。相反，应该在每页上组织不超过20个概念的图表（最多！）。一种帮助进行组织的便捷方法是使用如下可视化效果：

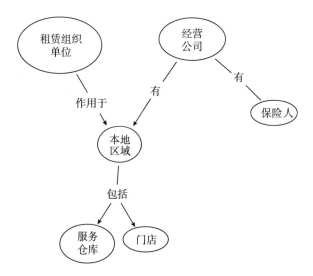

图6.11 使用虚线轮廓形象化"页面外概念"

上图中的"租赁组织单位"是虚线轮廓，按照惯例，这表示应该转到另一个图中以查找有关它的更多详细信息。

6.7 处理逻辑

什么是业务规则与概念图的区别？答案有两个维度：

1. 数据

2. 逻辑

数据通常在业务规则中提及（例如，"每次租赁的期限不得超过90天"）。通常我们不会深入到概念图中。然而，有时我们会这样做——像在这张小小的（a的片段）概念图中那样进行教学：

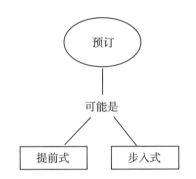

图6.12　概念图中"数据"的可视化（实例）

注意，我们对"数据"使用不同于概念的可视化对象。

有时，如果有一些实际值的相关示例，它可以帮助读者理解这个概念。

逻辑问题是一个非常大的问题。当我们绘制概念图（如第6章所述）时，我们不太关心图中的逻辑。概念图不是关于逻辑的；它们描述概念及其关系。在业务规则中，通常有很多逻辑。上面的小图表可以表示为一条规则："预订（汽车租赁）可以是提前预订，也可以是步入式预订"。

业务确实是由人们执行的，今天的认知科学家都认为，逻辑和理性只是人类认知的一部分。一个很好的例子是大多数人在用概率推理时犯下系统的错误。而直觉、第六感等复杂的能力是我们具备以及应该支持的。

6.8 何时停止?

业务概念建模的范围是有限的。让我们在这里具体化。在欧盟租车案例研究中，我们发现这一复杂的业务规则：

每次租车预订只有一个预订日期/时间。如果使用会员积分租车，预订日期/时间必须至少比预定的租车取车日期/时间早5天。

换言之，如果使用会员积分租车，应至少提前5天预订。可以这样绘制：

这本身当然是好的。但是，有多少这样的详细规定？想象一下如果深入到这些细节，你的概念图会是什么样子？所以我们得停下来。停止的黄金法则是，不要在图表上包含实际数据。在这个案例中，实际数据是"提前5天"。这是一个业务规则，如果您想记录它，请在文本描述中这样做。另一种选择是进入基于业务规则软件的项目。如果有许多复杂多变的业务规则，它们确实存在而且确实提供了价值。我们将在后文中讲述业务规则软件。最常见的建议是在它们出现时用Word或Excel记录下来。

对于业务规则和语义之间的区别，一个更精确的解释是："如果它进一步定义或扩展了含义，那么它就是语义。如果不是，这是一条业务规则"。在上面的例子中，积分租赁必须提前5天还是7天预订并不重要。无论采用哪种规则，它都是积分租赁。

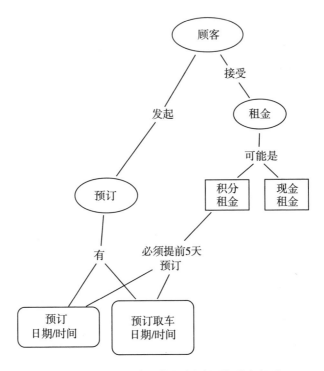

图6.13　以概念图表示的积分租赁预订业务规则

绘图规则：

◆　不要在图表中包含数据。详细的规则应该在文本描述中，而不
是在图表中。

非常重要的绘图规则：

◆　概念图必须得到企业的批准！

6.9　卓越的概念图工具

CmapTools是我们用来绘制概念图的工具。它是基于约瑟夫 ·D.诺
瓦克（Joseph D. Novak）教授（当时在康奈尔大学）在1980年和1990
年所做的理论工作。我们今天所知道的CmapTools，在2000年左右开始

使用，几年后它在教育领域的发展速度加快了。该软件的出版商是佛罗里达人机通信研究所（IHMC），诺瓦克教授在那里工作。

有关CmapTools的简短"用户指南"，请参阅附录2。

6.10 概念图的现实生活示例

在下文中，您将看到来自真实世界的概念图示例（为了不显示客户信息而进行了概括）。它们都被用于数据库/商业智能环境中。如本文所示，这些例子稍微简化了一些，旨在帮助您了解：概念图是一种理解自己业务的方式，它为您创造了真正的价值。

6.11 公司总体结构

以下概念图是来自不同客户的公司概念结构的通用"混合体"：

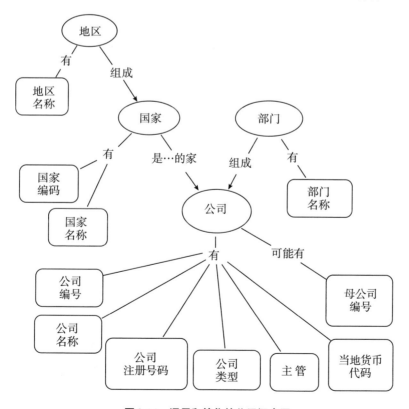

图6.14 通用和简化的公司概念图

6.12　装运

在运输过程中，有一项所谓的货运合同，它基本上是装卸货物的合同。下图是正在进行的工作的快照，是业务智能工作的一部分。

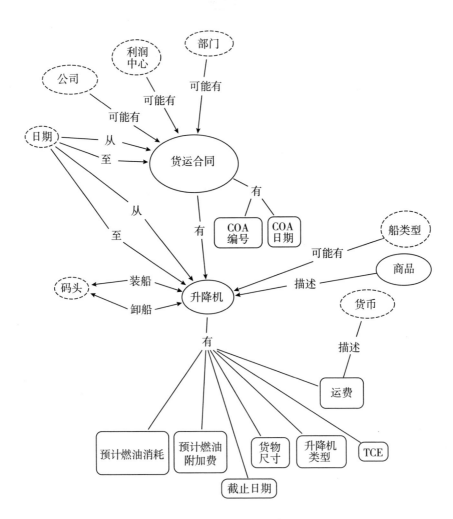

图6.15　货运合同概念图

6.13 资产管理

下面的关系图是在数据库设置中正在进行的工作的快照。图中的概念涉及客户、所有者和所有者之间的复杂关系——包括资产组合，资产管理公司负责管理这些资产组合。

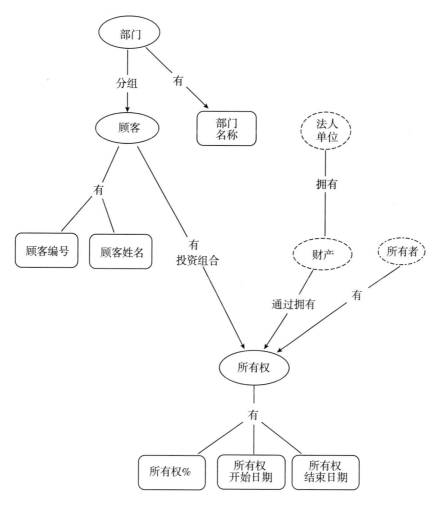

图6.16 资产管理组合概念图

6.14 汽车经销商

下图来自汽车经销商的一个数据库项目。它描述了特定车辆所需的信息。

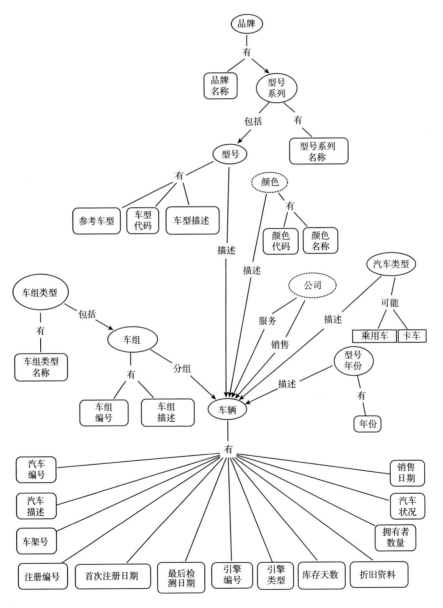

图6.17 汽车经销商车辆概念图

6.15　公共部门示例

美国国家航空航天局（NASA）的站点上有超过100幅描述太空探索的概念图。在此处可查看整个工作：http://www.nasa.gov/exploration/whyweexplore/cmap.html。

6.16　概念获取

贵公司愿意成为技术的早期接受者吗？如果是的话，有很多新兴的技术和公司可能会帮助你"获取"概念。这可能会为你构建概念图节省很多时间。在不久的将来，你不会"自动地"拥有一个完整的商业概念集合，但是在选定的领域通过机器"获取"这些概念是一个很好的起点。

业务概念的来源可能与本书中描述的来源相同。所以你可以通过以下途径获取概念：

- 共享目录和/或内容管理系统中的业务文档
- 内部网页面和文档
- 数据库
- 您的主页
- 销售、营销和工程文献
- 产品文档
- 竞争对手网站
- 社交媒体（脸书、推特等）
- 互联网上

基本技术有不同的方法。搜索以下内容：

- 文本分析（文本挖掘）
- 内容提取
- 标记/注释
- 信息/实体提取
- 自然语言处理
- 共指
- 情绪分析
- 模式识别（在文本和其他地方）
- 本体构建/构建/提取

这个领域正在迅速发展。因此，这里有一些关于"概念获取引擎"的建议：

- 基本的"概念——关系——概念"结构（如"客户问题预订"）
- 概念"三元组"的集合本质上是一个类似概念图的图形

你还需要频率统计和其他统计数据，以确定一段关系是高质量的还是可能只是一段更松散的关系（只是多一点巧合）。

这方面有几个研究项目。其中一些目标是直接生成概念图作为最终结果。但2012年时它们还没有商业化。如果你有这样一个项目的案例，需要小心。

6.17 标准业务概念定义

收集概念的另一种方法是查看公开可用的结构化词汇等。其中最有趣的是schema.org网站，其中也定义了许多与私营企业相关的概念。但是还有更多的标准概念方案。

让我举一个来自schema网站的示例：作为要约（出售某物的要约）

细节的一部分,他们定义了:

概念名称	定义
价格	产品的报价
价格货币	报价的货币(3个字母的ISO 4217格式)
价格有效期至	价格不再有效的日期

也许这使您陷入困境。是否应采用schema网站提供的概念名称?世界上主要的搜索引擎都知道该网站的命名方案。顺便提一下,该网站的发起者是:谷歌、雅虎和微软公司。

对于一个概念来说,"价格有效期至"是一个相当好的名字,这并不是不真实的。如果你想根据这些标准名称搜索一些数据(如产品目录),你必须:

- 在一定程度上采用schema网站的名称和定义
- 将自己的概念对应到schema网站的概念

对于特定类型的行业,公开获得的大量本体和词汇可以说差不多。在某个时间点,您将不得不更改词汇表或将词汇表对应到某种行业标准。无论哪种情况,您的业务概念图都会派上用场。到此结束了业务概念图和设计思维这两种强大技术的介绍。这本书的最后一部分是关于如何利用已经绘制好并精心设计好的业务概念。

7 概念图与下一代 IT 范式

"概念图"中的"图"一词应几乎按字面意思理解。概念图映射概念和关系。除此之外，它们还可以用于建立从业务级概念和关系到 IT 系统的映射，在 IT 系统中表示概念和关系。如果 IT 应用程序支持它们，参见下图：

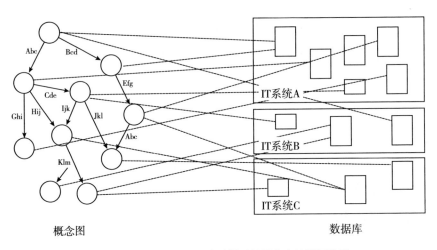

图7.1 概念图将业务概念映射到数据库中的数据模型

实际上，这种详细的交叉引用是企业级管理企业信息资产工作的一部分。如今，这门学科通常被称为企业信息管理（EIM），它正处于业务和IT之间的边界。这是一个很大的课题，在许多书中都有很好的描述。例如，请参见："让企业信息管理为业务工作"（Ladley 2010）。概念图在这种情况下也能很好地工作。约翰·莱德利（John Ladley）为企业信息管理推荐了简单的"分类法"。我们推荐简单的概念图。两人的做法非常相似。然而，概念图并不局限于层次结构（原则上分类法也是如此），概念图在各种组织中都非常通用。这是因为命名关系使概念图成为句子的集合。

多年来，IT界一直期望规范化的实体—关系模型或其姊妹UML类模型是数据建模的最佳实践。数据库之外的信息建模留给了掌握叙词库的图书馆学家，留给了基于分类法的网站信息架构师，留给了本体论知识管理者。

令人惊讶的是，今天IT中出现的许多范例都不是基于类或实体的。下面是八个更重要的：

- 信息质量/主数据管理（MDM）
- 信息评估（"信息经济学"）
- 商业智能层次管理
- 业务规则（自动化）
- Web3.0和语义技术
- 开放信息共享（又名链接数据，包括链接的开放数据）
- 拉而不是推
- 下一代数据管理的建议（非关系型数据库（NoSQL）、大数据和图表）

我们将在后文讨论其中的每一个，但总的来说，最大的区别在于：在所有这八个范例中，必须处理各种概念之间的命名和类型关系，包括对象的"原子"属性。正如您在前面的章节中看到的，这正是概念图的粒度级别。

从本质上讲，在所有这些商业创新的重大机遇中，概念上限与结构的比例几乎是1:1。为了得到一个IT解决方案，您必须提供更多的细节，但是概念模型保持不变，并且是最终应用程序的一个组成部分。

机会在自然的"路线图"中并存在一起，通过这些路线图，业务概念图可以引导您：

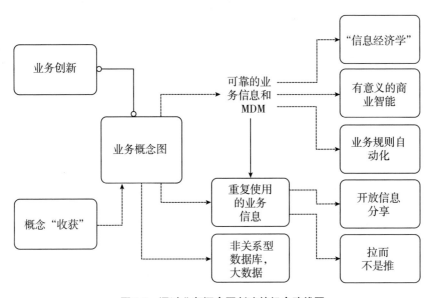

图7.2　通过业务概念图创建的机会路线图

将这些机会考虑为如何重新架构企业"建筑物"的某些"楼层"的建议。当您与业务代表一起进行探索—思想—实施周期时，考虑其中一些建议，可帮助您在发展过程中创造新的、真实的业务价值。

可以在下面的章节里看到！重要的是要认识到这一点：从现在开始，首选的业务信息表示级别是概念和关系级别，而不是IT使用带主键和外键的表设计的方法。

8 机会：可靠的商业信息和主数据管理

从2001年到2002年，人们越来越重视信息和数据质量问题。引起人们认识到这一点重要性的五个最重要的挑战是：

质量挑战	说明	举例
一致性	跨部门，部门和IT系统的术语，定义，表示形式，数据值等之间存在冲突	关于"成本价格"是什么的不同看法
完整性	信息缺失	产品类别仅适用于少于50%的销售产品
准确性	与现实相比，信息不正确	产品重量登记为10.5，应为11.2
有效期	信息违反预期和/或指定范围或业务规则	工资是该部门该类型雇员平均水平的三倍
独特性	存在重复项。可以是"相同"或"更糟"的相同标识但不同内容	将旧的UPC重新用于新产品（即使仍在数据仓库中找到旧产品）

可靠的业务取决于可靠的信息。

8.1 数据分析

现在有许多IT支持的解决方案。最引人注目的是所谓的"数据分析"。数据分析工具可能是独立的解决方案，但大多数都内置在软件产品包中，尤其是数据库产品包。您将获得一个位于数据库中表和列级别的数据概要文件。如果您是一名 IT 开发人员，需要将数据移动到其他地方，并且需要在开始编程之前理解数据，这是值得推荐的好主意。

然而，信息质量的商业价值需要在商业层面上。在不同的 IT 系统中，可能存在不同的问题，例如，多个 IT 系统的一致性、有效性甚至重复性。在不同的系统中也可能有不同的表示（数据模型等），这会使情况更加复杂。业务部门需要知道的是，例如，不同业务部门的客户信息的综合信息质量报表。

这就是您的业务概念图和概念定义的作用所在。这些都是企业必须面对的信息质量问题：

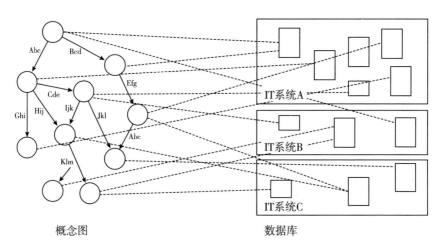

**图8.1　概念图将业务概念映射到数据库中的数据模型——
使您能够在业务级别上管理信息质量**

请记住，业务概念图相比信息资产就像会计科目表相比金融资产一样！为了获得业务价值，应该在业务概念级别上收集业务信息质量度量。

8.2　主数据管理

主数据管理也是一项数据质量计划，强烈建议采用该计划。主数据管理是工作流（软件支持）和"主数据存储库"的组合，由各种主数据服务包围，用于将托管主数据传递到应用程序和数据库（如数据仓库）。主数据管理中的重要功能之一是"层次结构管理"，即管理业务信息中的上下滚动结构的业务。下面是一个层次结构的示例，自然表示为概念图：

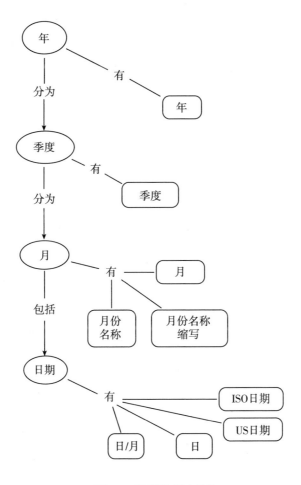

图8.2　"日历"层次结构

　　例如，在Microsoft SQL Server 2012的主数据服务（MDS）中，有一个用于执行层次结构管理的工具。规范级别称为"术语"，即概念。为了完全理解所有层次结构，您实际上需要这些概念及其关系。在许多数据库中，隐藏在非规范化表中的是所谓的函数依赖关系（层次结构的数据规范化术语）。在映射概念和/或分析数据之前，可能无法发现关系。

　　如需有关主数据管理的更多信息，请参阅大卫·洛辛（David Loshin）的《摩根考夫曼出版社及对象管理集团（OMG）宣传册》（洛辛2009）。

　　信息质量、主数据管理和业务概念图齐头并进。正如信息质量专家拉里·英格利什（Larry English）经常强调的那样，定义和结构质量至少与数据价值质量同等重要（English 2009）。换句话说：

　　　　重要的不仅是数据本身的质量，还有数据的概念、关系和定义的质量。

　　做概念图肯定会大大提高定义质量。关于信息质量的权威著作是：《信息质量应用》（英格利什2009）。强烈推荐这本书——内容非常详细和非常完整。

　　如今，许多数据分析工具为"数据质量记分卡"和带有关键性能指标（KPI）的仪表板提供支持。这是可接受的。但是，数据质量方面的关键性能指标应该在业务级别，而不是数据库级别。

9　机会：信息评估

　　"信息经济学"是一个被提议的将信息作为公司资产进行估价的新学科的名称。这个词是由道格·兰尼（Doug Laney）创造的，他现在在高德纳集团（Gartner Group）（Laney 2012）。在许多公司中使用过信息资产的人员，例如信息管理顾问，已经看到了信息资源对业务运营的影响程度。

　　资产负债表上全是无形资产（版权等）。为什么不提供信息？正如道格·兰尼和约翰·莱德利正确指出的那样，一项资产（在会计术语中）的关键特征之一是，它甚至在使用之前就具有可能的未来经济价值。有关更多信息，请参阅《高德纳研究纪要G00227057》（兰尼2012）。

　　毫无疑问，要获得资产负债表上的信息，还需要付出更多的努力。然而，如前所述，业务概念图是指信息资产，正如会计科目表是指金融资产。概念图描述了业务级别，数据库中的数据模型是技术性的：

　　如果要对该资产进行估值，则必须了解它。因此，使用业务概念图确实很有意义。

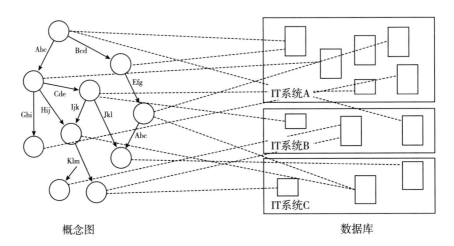

概念图   数据库

图9.1　概念图将业务概念映射到数据库中的数据模型—使您能
够在业务级别管理信息资产评估

10　机遇：有意义的商业智能

关于商业智能的第一本书是《数据仓库工具包》（Kimball 1996）。

这是本好书——大部分内容仍然有效（2002年有第二版）。在附带的CD上有一些示例文档。其中一个是"维度模型"，由拉尔夫·金博尔（Ralph Kimball），劳拉·里夫斯（Laura Reeves），玛吉·罗斯（Margy Ross）和沃伦·桑斯威特（Warren Thornthwaite）于1998年编制。这种文档的目的之一是描述多维模型中的维度。为此，他们采用了如下简单图表：

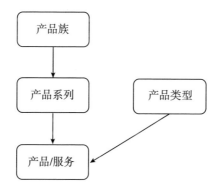

图10.1　金博尔式产品尺寸图（Kimball 1996）

这个例子显然是一个包含两个层次结构的产品/服务维度：一个在产品组上，一个在产品类型上。这看起来像一张概念图！但是，概念之间没有命名关系。可能是因为那时在Visio中不太容易做到。这种图表样式正是作者开始进行概念映射的原因。最初使用Visio（微软收购前后）作为绘图工具，并在出现时立即切换到CmapTools。这样的图是一个实施级别的业务概念模型，它是IT解决方案（准确地说，是一个数据仓库多维数据集市）的特定设计的一部分。

　　商业智能与主数据管理共享层次结构的兴趣（参见上文）。而层次结构几乎"脱离"了概念图——免费的。这是概念映射的一个相当大的好处。在各种软件配置中，主数据管理或业务智能层次结构管理器组件的性质进一步强调了概念关系的直接重用。在Microsoft SQL Server（自2005年起）中，分析服务（Analysis Services）组件包含最初称为"UDM（统一维度模型）"的内容。如下图所示，在这样一个模型中要指定的关键内容之一是"属性关系"。事实上，在下面的概念图中，所有UDM概念都以较粗的轮廓显示，它们都可以在业务概念图中直接、方便地获得：

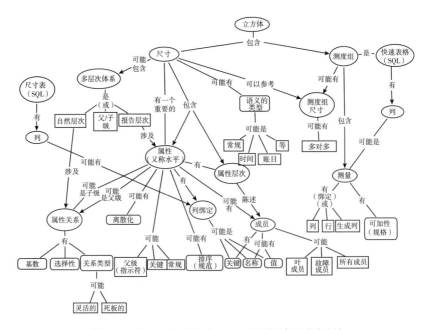

图10.2　Microsoft SQL Server UDM概念图（自制）

属性关系与业务概念图中的关系（连接线）一一对应。剩下的大部分只在更特殊的情况下使用。概念图的前端商业智能维度确实非常好。今天，UDM在较新版本的Microsoft SQL Server中被简单地称为多维项目。

如上所述，维度和层次结构"自然"脱离了概念图：

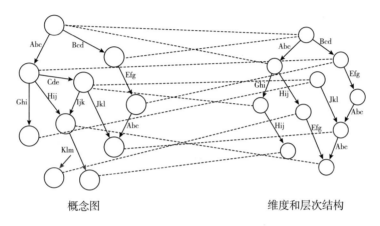

图10.3 作为商业智能维度和层次结构前端的概念图

如果不使用多维方法，而是直接访问数据库，那么在数据库前面有一层托管业务概念是很重要的：

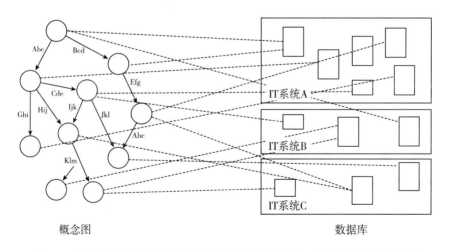

图10.4 概念图将业务概念映射到数据库中的数据模型—实现有意义的业务智能

　　商业智能必须基于公认的业务概念来赋予业务意义。许多（如果不是大多数的话）数据库不使用命名，业务用户可以立即识别该命名。从数据库级别到业务级别的映射必须发生。业务概念图定义了该映射的目标。

11　机会：业务规则自动化

11.1　重新审视概念图与业务规则

当向概念图添加逻辑时，实际上是一个规则的详细规范，应该由人员和/或系统遵循。不同的用法和/或不同的领域有不同的形式和模式：

- 当IT人员这样做时，他们通常将结果称为数据模型，并使用称为UML类图（或称为实体关系图）的工程模式图表约定。
- 当图书馆学家（或档案学家）这样做时，他们可能称之为分类法、方面计划或本体论。
- 当知识管理者这样做时，他们也称之为本体论；术语主题图也被使用。
- 当内容经理或网站信息架构师这样做时，他们可能会称之为分类法等。
- 还有一个业务规则建模师学校，他们使用"事实图"，基本上是概念图，辅以逻辑。

综上所述，所有这些实践领域的共同点是：他们正在指定要包含在某种IT系统中的内容（此处有很多选择）。在这种情况下，逻辑是必要的和非常适当的。然而，在业务层面上，世界往往有点模糊，我们真的不需要这种额外的精度，而这种逻辑会增加图片的质量。在大多数情况下，用清晰的语言制定简单的业务规则是远远不够的。即使是业务规则在某种意义上也可能是相当低级的，因为它们可能存在某些局部变化，而且它们比概念及其关系更容易发生变化。从商业角度来看，稳定的是概念和关系。他们在大多数情况下都能生存下来，例如ERP系统的改变。

11.2   业务规则扩展概念图

即使考虑到概念图和业务规则服务于两个不同的目的，概念图和业务规则之间也确实存在协同作用，这实际上是非常重要的。

首先，业务规则"适合"概念图。从总体上看，所有那些"如果……那么……否则……"规则在条件和后果的表述中都包含业务概念。业务规则不能离开被定义的概念图。

这一点得到了一个与"事实建模"合作的商学院"统治者"的认可。这其实并不完全是新的。它的前身被称为对象角色建模（ORM），在微软收购Visio之后，它得到了流行的Visio图表工具的支持。见《信息建模和关系数据库》（Halpin and Morgan 2008）一书。ORM确实处于正确的层次（概念及其关系），但是它内置了正式、精确规范所需的所有逻辑细节。这使得它（ORM）和UML一样复杂，因此它不适合业务级规范（对于大多数业务人员来说，可视化语法看起来太复杂）。

今天虔诚的建模者使用事实建模。然而，它最大的影响是作为对象管理组标准化组织的新业务规则标准SBVR（业务词汇和业务规则的语义）的平台。这是2008年发布的一个标准，其范围定义为："本规范定义了用于记录业务词汇表、业务事实和业务规则的语义的词汇和规则"（OMG 2008年）。

SBVR文档建立在EU-Rent虚拟案例的基础上，在前面的章节中有一些描述（可视化为概念图）。

SBVR的基本思想是：

- SBVR以接近书面自然语言的结构化语言表达。
- 它可以用来定义业务上下文、业务词汇表和详细的业务规则。
- "语法"本质上是一组预定义的公式，如"它是强制性的"、"每一个"、"正好一个"等（你必须学习记住）。

我们的犬舍教学的例子在结构化英语中可以看起来像这样：

- 小狗有小狗编号
- 小狗有小狗名字
- 犬舍有犬舍编号
- 犬舍有犬舍名字
- 犬舍有犬舍位置
- 犬舍命名小狗名字
- 把戏有把戏名字
- 把戏有把戏ID
- 把戏分类小狗把戏
- 小狗戏法有技能等级
- 犬舍有可能出售小狗
- 小狗可能会耍小狗把戏
- 小狗把戏可能从学习的地方被掌握

　　（上面的例子是很好的示范——其目的是说明SBVR事实表示法和规则与概念映射之间的相似性）。

　　这是上面SBVR语法的概念图：

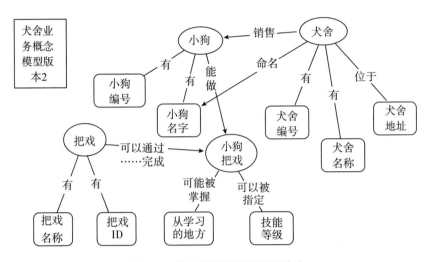

图11.1　犬舍业务概念图（更新版）

　　这意味着SBVR是一个强大的（技术）工具，可以将业务概念图带入业务规则的世界。你必须把它们表达成SBVR语句。在这个过程中，必须从业务概念的描述（直到现在都是非结构化的）中提取许多详细的规则（逻辑），并重新表述为精确的SBVR语法。

　　你也许会问，为什么还要这么做呢。这样做有一些很好的理由。如果有一组复杂的业务规则，这些规则也经常发生变化，那么业务规则自动化是在相对较短的时间内创造非常好的业务价值和良好的投资回报的一种确定的可能性。商业规则社区网站是一个很好的开始（www.brcommunity.com）。在那里看到的东西会使你想起本书的推荐。最大的区别在于你应该分而治之：

　　1.对大多数业务级别的描述（不多，不少）使用业务概念图和口头定义——这满足有效性要求。

2.只有当业务规则技术增加了业务价值时，才使用业务规则技术中形式逻辑的全部力量——这满足了组织日常运营的可靠性要求。

从概念映射到业务规则事实模型的基本映射很简单：

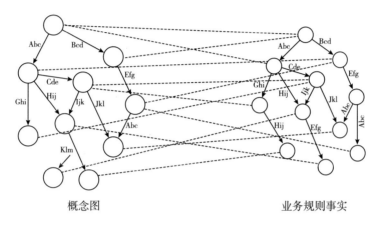

概念图　　　　　　　　　　　　　　　业务规则事实

图11.2　概念图作为业务规则自动化的基石

如果想要或需要深入了解业务规则，请参阅：例如《业务规则方法的原则》（Ross 2003）和在《决策模型——连接业务和技术的业务逻辑框架》（Von Halle and Goldberg 2010）中发现了一种新的非常吸引人的方法。

12 机会：重复使用的业务信息

"信息社会"面临的一个巨大挑战是匹配数据非常困难。即使在传统的数据库世界，这也是非常昂贵的。例如，想想数据库世界中的所有编程工作，数据的提取、转换和加载。

基本上有两个层次的问题：

- 表示（例如，如何比较十进制数和整数）；
- 语义/定义（例如，要求报价但未购买任何东西的客户是否算作"客户"）。

当你在上网时，这个问题就扩大了。尝试谷歌搜索软件工具索引（寻找索引工具），会得到如下信息：

注意，有些条目之所以存在，只是因为在URL中找到了"index"（非常正常的事情）。我们还得到了"基因指数"和高盛技术指数以及"Cindex指数"。最后一个Cindex可能是我们一直在寻找的答案。

正是由于这个原因，谷歌推出了下一代谷歌搜索，称为"知识图"。在谷歌网站（www.google.com/insidesearch/features/search/knowledge.html）上，它被解释为与含义相关的事物："您搜索的单词通常有不止一个意义。通过知识图表，我们可以理解不同之处，并帮助缩小结果范围，找到您正在寻找的答案。当更详细地研究它的时候，会发现'知识图'和概念图几乎是一种结构（当然附加了技术细节）"。

Noodle Tools: Software Tools: NoodleBib
www.noodletools.com/tools/index.php–Oversaet denne side
Powerful note–taking software that promotes critical thinking and creativity combined with the most comprehensive and accurate bibliography composer on the ...

CINDEX Indexing Software for Windows and Mac | Indexing & Index...
www.indexres.com/–Oversaet denne side
Our major product, Cindex™, is the foremost software tool for professional indexers, enabling them to produce the finest indexes in virtually any format with ...

DFCI–TGI Software Tools
compbio.dfci.harvard.edu/tgi/software/–Oversaet denne side
The Gene Indices group is committed to making software tools freely available to the scientific community. The software provided on this page represents ...

Martin Tulic, Book indexing–About indexing–Software for indexing
www.anindexer.com/about/sw/swindex.html–Oversaet denne side
A brief tutorial about software used to index books and related materials. ...HTML Indexer–a tool for creating and maintaining a back–of–the–book index for Web ...

GSTI Software Index–Wikipedia, the free encyclopedia
en.wikipedia.org/wiki/GSTI_Software_Index–Oversaet denne side
GSTI Software Index stands for Goldman Sachs Technology Index(GSTI)... It was a stock market index made of 46 software companies whose shares are ...

Publications/Tools | LMOP | US EPA
www.epa.gov/lmop/publications–tools/index.html–Oversaet denne side
This page is a compilation of the various publications, brochures, fact sheets, and software tools referenced throughout the site. As with any of the tools and ...

图12.1 "软件工具索引"的谷歌搜索结果

这是一个很好的例子，说明自动化支持对"意义"的重要性日益增加。这种模式有时被称为"Web 3.0"，因为许多技术都是基于最初的发明者所称的"语义Web"。这是由万维网联盟（W3C）开发的一组标准，该组织还开发了HTTP、URI和XML标准系列的规范。

今天，语义Web环境基于以下标准，所有这些标准都由许多大型公司和组织使用的强大技术支持：

缩写	名称	用途
SKOS	简单知识组织体系	概念和关系词汇的管理
OWL	Web本体语言	具有推理可能性的本体论（基于逻辑的结构化词汇表）的管理
SPARQL	SPARQL协议和RDF查询语言	一种用于RDF（数据库）的查询语言
RDF和RDF模式	资源描述框架可扩展标记语言	概念和关系的定义和表示（语义网的"数据层"）
XML和XML模式	可扩展标记语言	所有这些的定义平台

如果需要上述内容的硬性定义，请访问W3C联盟的网站www.w3c.org。此外，您可能有兴趣阅读相关的好书。有关详细的RDF和OWL以及SKOS指南，请参见：《面向工作本体的语义网：RDFS和OWL中的有效建模》（Allemang和Hendler，2011年）。

迄今为止，OWL是语义Web组件中功能最丰富的。它也位于堆栈的顶部。但是，基于OWL的本体开发与UML（复杂程度略低）和ORM/SBVR（参见上文）一样耗时。但是，OWL非常强大，并且作为复杂解决方案的组成部分具有自己的权利，复杂解决方案的含义结构非常复杂，并且对搜索结果的精度（质量）有复杂的要求。

SKOS是定义受控词汇表的"轻量级"组件。它基于概念及其关系的概念，非常接近概念图。我们将在下面回到SKOS。

以下是有关伍迪·艾伦（Woody Allen）和他的电影的一些事实：

谁	做	什么
伍迪·艾伦	写作	《爱在罗马》
伍迪·艾伦	写作	《午夜巴黎》
伍迪·艾伦	写作	《遭遇陌生人》

续表

谁	做	什么
伍迪·艾伦	写作	《更多》
伍迪·艾伦	扮演	《爱在罗马》
伍迪·艾伦	扮演	《独家新闻》
伍迪·艾伦	扮演	《奇招尽出》
伍迪·艾伦	扮演	《更多》
伍迪·艾伦	导演	《出了什么事，老虎百合？》

RDF是语义网的"数据层"。RDF基于三元组的概念，如下所示：

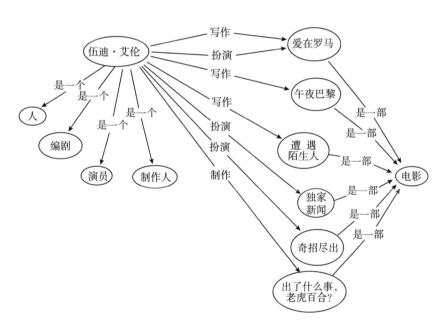

图12.2　与伍迪·艾伦相关概念的RDF"图"（简化）

每个三元组由"主语"、"谓语"和"宾语"（主语：伍迪·艾伦，谓语：写作，宾语：午夜巴黎）组成。它可以被理解为一个简单的句子。就像概念图中的概念关系概念组合。事实上，许多三元组的组合变成了一个类似概念图的图形。（上面的图表并不是本书中使用的概念图，但其相似性是惊人的）。

以下是电影数据库的"完整模型"以供比较：

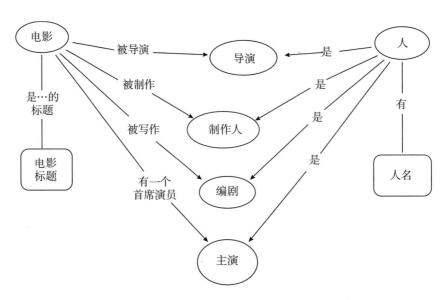

图 12.3　电影（图）数据库的 RDF 模式模型

RDF 可以存储在专门的数据库中，其中有很多数据库（"RDF 存储"、"图形数据库"等），或者 RDF 可以作为数据库的接口（作为数据库产品的一部分或作为数据库产品的"桥梁"）提供。SPARQL 是 RDF 附带的查询语言（相当技术性）。

有意义的重复使用的基本思想包括两部分：

- 数据以标准格式（RDF）呈现
- 数据通过标准（SKOS 或 OWL）描述

从本书的角度来看，重要的组成部分是 SKOS。基本上 SKOS 可以用来表示概念图。SKOS 还有更多的机会。SKOS 是一个非常简单的起

点。它基本上支持命名概念和指定概念之间的关系。有两种类型的结
构关系：

- 层次结构——表示为更宽或更窄
- 同级相关（简称相关）

在这个图中，可以看到一个简单的SKOS构造（表示为概念图）：

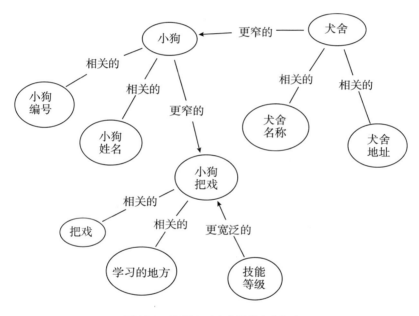

图12.4　使用SKOS术语的犬舍概念图

如您所见，在关系上没有特定的名称。SKOS是语义web标准的一
个简单入口。这意味着如果知道语法的话可以扩展SKOS模型。例如
RDF模式"工具箱"中的"subPertyOf"或"subClassOf"机制。一旦
走上这条路，你会发现自己已经打开了一个可能的宝箱。

因此，从概念图到SKOS和RDF都非常容易。从SKOS和RDF，可

以通过添加逻辑将RDF转换为OWL。

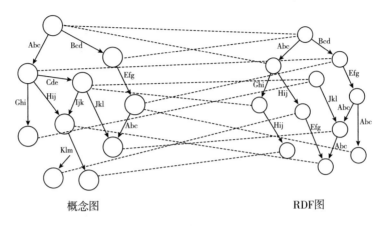

概念图　　　　　　　　　　　　RDF图

图12.5　概念图到RDF图（和SKOS）

为什么这么棒？首先是"有意义"的结果，我们在本章开始部分讨论了这些结果。当然，这对搜索非常有用。除此之外，它还极大地促进了：

- 结构化数据（数据库，例如数据仓库）与非结构化数据（例如 Intranet或CMS系统中的文档）之间的集成
- 有意义的商业智能（如上所述），但也可能由语义感知软件支持
- 简化组织内部数据库之间的集成
- 与外部数据和信息的集成（参见下一章）

语义Web技术在最近10年已经成熟。它们现在已经在许多大公司中投入生产使用，如微软和谷歌等。您的组织也应该开始利用语义。概念图是企业发展的出发点，它是利用新的IT机会开发业务的基础。请记住，概念图解决了业务有效性问题，而复杂的语义（如OWL）则支持复杂IT解决方案的操作可靠性。如果没有一个良好有效的开端，就无法获得可靠性。

13 机会：开放信息共享

数据以RDF格式提供，并使用SKOS/OWL（参见上文）进行描述，不仅可以在组织内部使用，也可以在外部使用。添加一些额外的技术协议后，现在有了所谓的链接数据或链接开放数据。

这是一场在互联网上迅速发展的运动，参见网站http://linkeddata.org。在撰写本文时，只有不到5000个注册网站提供链接数据，其中一些网站是开放的。有很多不同的类别可供选择；这里列出的类别太多了。

其中一些最常见的是：

- DBpedia（维基百科的数据库版本）
- Freebase（现在是谷歌的一部分——是一种开源的数据收集类型）
- 地理和人口统计
- 媒体数据
- 政府数据
- 图书馆和大学
- 生命科学
- 商业信息
- 零售和商业

- 社交媒体

维基百科正忙着开发一个新的免费服务，叫做维基数据。它将包含来自世界各地（多种语言）的开放、描述和结构化数据。就像维基百科——只是现在机器可读，而且语义完整。

许多人描述互联网在链接数据方法方面做得很好。的确，全球数据空间的愿景可以追溯到互联网的早期。

您可能会问，对我的组织有什么影响？显然，您需要从外部获取大量数据。使用语义Web技术（OWL、RDF等），现在可以更轻松地将外部数据与自己的数据集成在一起。不需要在所有这些数据库和其他地方进行许多数据集成项目。就敏捷性、灵活性和业务质量而言，这是一个重大优势。

诀窍是以一种便于将自己的业务信息与使用语义Web标准描述的传入数据相匹配的方式来描述自己的业务信息。如上一章所述，这是一个获取业务概念图并将其转换为具有必要增强功能的SKOS或OWL的问题。在业务级别上进行映射，基本上是一次性任务，而不是每个

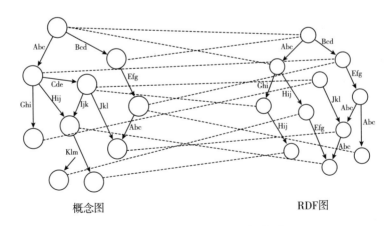

图13.1　概念图和RDF图（重温）

项目的映射任务。简而言之，这与其他语义创新机会是一样的。

因此，业务概念图是让开放数据进行业务创新变得更加容易。因为概念图与SKOS和RDF处于相同的结构层次（概念和关系）。

14 机会：拉而不是推

在业务概念层面工作还有一个好处。如前几章所述，将概念图映射到SKOS和RDF标准使您可以轻松地将数据与外部的开放数据集成。

相反的方法也很容易。这意味着互联网用户（其中一些是消费者/客户/公民/商业合作伙伴等）可以智能化地以与任何其他Web3.0搜索相同的高精度浏览您的数据。他们只得到他们想要的结果，而不是过去搜索引擎技术的无用点击。因此，目前的情况是，由于浏览搜索结果的枯燥乏味，人们去专门的网站购买房子、汽车或餐桌（或一些在海外低成本生产网站生产的T恤衫）。

这意味着今天的卖家必须把营销信息推向有远见的客户。导致信息过载、垃圾邮件和消费者产生营销容忍（看不到或听不到）或营销不容忍（关闭电视或离开网站）。

大卫·西格尔（David Siegel）在他的出色的著作:《拉动，语义网改变业务的力量》（Siegel 2009）中指出，这是另一种方法。如果我（作为潜在买家）描述了我的需求，并且使用定义的结构（换句话说就是基于语义Web技术）时有什么发现呢？然后，卖家可以通过语义搜索出一个只有相关潜在客户的潜在客户列表，然后直接与他们交谈。因此，潜在的买家宣传他们的潜在需求，而不是卖家向每个人宣传他们独特的卖点（他们中的大多数人，至少大多数时间不感兴趣）。

同样，这是一个语义创新机会，它看起来像这样：

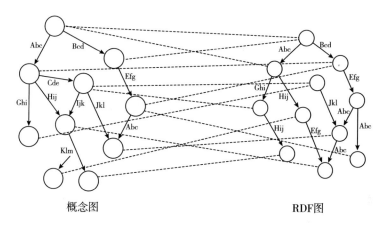

概念图　　　　　　　　　　　　RDF图

图14.1　概念图和RDF图（重温）

本书让人感兴趣的内容是，只有通过使用业务概念图，业务组织才能处理语义Web技术所创造的业务机会。

15　机会：非关系型数据库和大数据

人们正在关注处理大量数据的新方法。对于一些数据库（如亚马逊、谷歌等大型网站）来说，SQL数据库既缺乏灵活性，又缺乏TB级的性能。因此，非关系型数据库移动集中在一个"大表"概念上，就像HADOOP、Hive和其他技术一样。实际上，数据模型是分组列的分层模型。有些列可能指向（使用URI）其他表中的行。

但也有其他方法。

在金融领域，主要是几年前出现了一种新的数据建模方法。在丹·林斯特德（Dan Linstedt）的专有方法"数据仓库建模"和"锚建模"（一种开源方法）的名称下，建模者进入了最终的规范化级别（书呆子读者的第六种规范形式）。从本质上来说，这可以归结为这样一种情况：不是每个表都是带有列的表，而是每列本身就变成了某种东西——与其他事物具有关系。这些"东西"当然是业务概念的实现（也许还有一些技术属性）。

一个新的数据库产品系列使用列范式。它们不是存储表的行，而是存储（压缩）表中列的值。（通过一些智能映射，可以方便地将数据显示为行）。

最后还有一组新兴的"图形数据库"。其中一些是RDF数据库（RDF本质上是图范式），而其他的还不在RDF中。正如我们之前所看到的，概念图和RDF之间几乎一一对应。

在这里可以看到，IT数据模型范式从表，列和外键（传统数据建模流派）转移了出去。受益人是关注概念（列）和关系的模型。从概念图到数据库模型的距离大大缩小了：

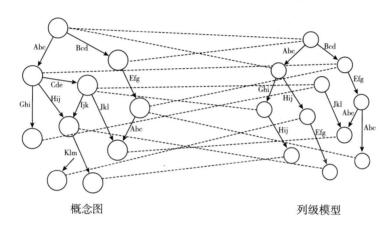

概念图　　　　　　　　　　　　　　　列级模型

图15.1　概念图前端列级数据模型

碰巧的是，列级数据模型通常是非常技术性的。同样，需要从技术命名方案映射到由业务概念图定义的业务级别术语。

16　从大处着眼，从小处开始：为企业创造价值

16.1　简单的工具

信息建模领域的领先思想家之一，马尔科姆·奇斯霍尔姆（Malcolm D. Chisholm）指出：

"概念模型必须包含所有业务概念和所有相关关系。如果事物的实例也是业务现实的一部分，那么它们也必须被捕获。不幸的是，没有标准的方法和符号可以做到这一点。有效传达业务现实的概念模型需要一定程度的艺术想象力。它们是分析的产物，而不是设计的产物。"（Chisholm 2012）

这里的关键词是：概念（我们在谈论什么），关系（概念之间，客户下订单等）和"事物"（产品 XYZ，客户托马斯等）。这是业务领域，而不是 IT 领域。不要在这里使用工程工具——时间证明它们不起作用！

重要的是开始工作，以便为更好地理解业务和使用业务语义做好准备。重点应该放在控制这一挑战上，并将其转变为业务发展机会。并与 IT 合作处理诸如语义技术和文本分析之类的技术问题。

16.2　经过测试的方法

根据2005年以来（和正在进行中）许多项目的经验，人们十分确认概念图在业务分析中的适用性。大多数项目都是面向数据仓库/商业智能的业务开发项目。其他一些项目是公共部门的大型规范项目。

有确凿的证据表明：

- 概念图对于业务人员来说确实直观易懂，这大大简化和便利了更灵活的业务分析活动。
- 概念图非常适合集体集思广益会议（研讨会），随着讨论的进行，把概念图绘制连接到数据投影仪的计算机上。（使用CmapTools软件）。
- 概念图可以由业务人员进行审查、维护和增强（有一些指导）。
- 设计思维和概念图相互支持得非常好。

一个包含"业务对象"、"属性"和"关系"的简单可视化"语法"已被证明在向业务人员传达信息结构方面非常有效。客户的反馈非常积极。业务用户很快就认识到概念图的附加值。"有意义学习"（概念映射的理论背景）的可行性得到了充分的证实。

在业务层面上，世界通常比IT人员真正喜欢的更加模糊。我们真的不需要那种额外的精度，而基于逻辑的方法（例如UML或OWL）会增加图片的精度。在大多数情况下，用清晰的语言制定的简单业务规则是远远不够的。即使是业务规则在某种意义上也可能是相当低级的，因为它们可能存在某些局部变化，而且它们比概念及其关系更容易发生变化。从商业角度来看，稳定的是概念和关系。他们在大多数事件中幸存下来，例如，包括ERP系统的改变。

16.3   业务概念建模的好处

在项目初期，在业务概念建模上花费的时间是值得的。实际上，最终会有所收获，整个项目更安全、更易于管理。这是因为：

- 可以确定最终结果，例如商业用户可以直观地访问BI解决方案。
- 可以100%了解业务。
- 企业学习有关自身的隐藏事实（途中有许多"啊哈！"体验）。

许多人期望业务概念及其结构为每个人所熟知。事实并非如此。商业组织中的某人必须开始管理这项宝贵的资产。

从概念图到具有维度和层次结构的多维环境中有一条直接的路径。例如，建立一个简单的一对一流程的统一维度模型（UDM），因为所有的属性关系都已经被很好地定义和理解。

使用概念图的设计思维方法在概念和关系级别上反复生成非常有效的业务信息设计。我们已经看到，商界的接受度远远高于其他任何行业。当然，一个更可靠业务管理的平台可以产生更有效的业务信息结构的效果。

在传统的业务分析中，可靠性的要求已经掩盖了一切，也许是因为多年来IT仍然是"新的"且略有危险的技术。这导致人们（包括许多业务分析师）倾向于使用"工程样式"方法（例如UML类图）来处理业务问题。但这是在错误的地方使用的错误工具。在战术/战略开发规模上处理业务问题是由（业务）有效性驱动的，这需要一些不同的方法——绝对不是严格的工程方法。需要更灵活和更有创造力的东西。

为了改变它，你必须理解它。这就是为什么概念图是业务信息资产，就像会计科目表是金融资产一样。

16.4 设计思维

概念图本身对组织具有巨大的价值。当使用它来支持业务开发的设计思维方法时，才真正产生了新的业务价值。业务分析的性质与设计师或架构师的工作性质密切相关。把企业想象成一座建筑：

图16.1 丹麦哥本哈根"内向型"办公楼（作者摄）

一开始这项任务看起来很艰巨。你看到的是一个非常复杂的结构，很像一个有很多楼层、无尽走廊和更多门的巨大建筑。有些门可能是隐藏的、秘密的或被遗忘的。但你需要知道他们背后的原因。

图16.2　印度金奈一所大学的办公室走廊[①]

就像建筑师所做的那样，你开始四处走动，检查地板、楼梯等。你在路上拍摄快照（概念图）。这需要时间，你需要和很多人交谈，其中一些人很忙。你开始为每个楼层绘制一个总体"楼层平面图"（概念图）。

在概览后，你和业务人员选择了一些急需翻新的区域。你衡量它并将发现记录在一个或多个详细的计划（概念图）中。与业务人员一起，你们开始考虑替代方案——在进行下一步时，将其草图化（作为概念图）。可以构建一个或两个模型（概念图或原型）——这是一个非常真实意义上的"概念证明"。

这是一个艰难的过程，有很多选择。整个活动的目的是通过创新

[①]　普拉迪克·卡兰迪卡（Pradeek Karandikar）的原色照片，2009年，可在维基媒体创意共享网站（Wikimedia Creative Commons）上获得。

创造真正的、新的业务价值。最佳解决方案是通过使从一个地方到另一个地方变得更容易和更快来减少通过时间。

最后，我们做出了决定（例如"我们需要从 A 到 B 的新楼梯"）。在概念图中指定了实现细节（在概念图中），将其称为"泥瓦匠"和"木匠"。

一旦完成，大家都同意这是一个好主意。"为什么我们以前没有考虑过？"相关人员感谢业务分析师富有洞察力的帮助。

16.5　准则摘要

成功导致下一个成功。与概念图相结合的设计思维方法是强大的、高效的、创造性的和可重复的。

以下是最重要准则的简要列表：

- 尽早建立概述（使用业务对象的高级概念图）。

- 根据业务优先级和业务发展计划，将高层概念分成小部分进行分析。

- 除非想进行业务规则自动化，否则应将更重要且持久的业务规则记录为文本定义文档的一部分。

- 在组织中传播有关概念、结构和定义的知识——每个人都将受益于"说同一种语言"。

- 自上而下组织概念图（顶部是更高级别的业务对象）。

- 如果从业务事件的角度来看存在隐含的"逻辑"继承者，则从左到右组织业务对象（例如，总账之前的预算等）。不要用箭头来表示连续性！

- 不要将过程流混入概念图——概念图是关于意义的结构，而不是关于过程和流。

- 保持专注——不要将探索、构思和实施混为一谈；一次一个（即使这三个阶段中的每一个都可能是很短的时间）。
- 通过大量的、可供选择的草图（概念图）来增强构思阶段的创造力，并可能辅以基于实时数据的快速原型（为此，需要一个优秀的数据人员）。
- 请记住，至少有六种不同类型的概念图：高级概述、探索性现状/原型、原型/头脑风暴草图、工作原型设计、解决方案设计（取决于目标平台等）、文档/指导。
- 记住挑战既定的"事实"——很可能会发现隐藏的真相和未说出口的误解。
- 思考什么，在哪里，谁，何时以及多少。
- 寻找真正的业务难题。
- 可靠性使业务易于管理。
- 业务概念、流程、规则等设计的有效性是可靠性的保证。有效性是业务分析和业务发展的驱动力。
- 如有疑问，请从最顶层开始——业务模式。
- 在概念图中使用简单的视觉语法（可以自行设计，也可以使用此处建议的语法）。
- 不要在概念图上放置超过20个概念（使用"页外"符号）。
- 如果有数据建模背景，请非常注意概念图不是数据建模这一事实（也许除了某些概念图实施阶段以外）。

附录1：术语和缩写的含义

术语/缩写	含义
大数据	用于描述许多学科的数据管理和分析非常大的数据量（TB及更大）。经常连接到非关系型数据库（参见下文）。
业务对象	松散地定义为业务术语中发现的物理和抽象的"事物"，如客户、发票等。
业务规则	详细的逻辑描述了一些非常具体的条件，这必须在给定的业务上下文中满足。例如：出租汽车是一种SUV，总是放在E级。
业务规则自动化	软件包，来自业务规则的集合（以某种形式的形式逻辑表示），对结果做出推论。例如：在特定情况下，费率类别为B。
概念	这里松散地定义为"事物"类型的分母（名称）或"事物"的属性（参见。上面的业务对象）。例如"客户"、"费率类"等。
概念图	概念的可视化表示和它们之间的关系内容提取软件包，能够提取描述的文件内容等。通常用于文档的分类。
数据分析	软件包，能够对数据库或文件的内容执行广泛的措施和测试。生成的数据配置文件用于分析转换或提取数据的潜在风险。（为了扩大数据转换项目的范围和规模，或建立关于给定数据库状态的质量度量）。
企业信息管理（EIM）	企业信息管理（EIM）是今天用于企业一级信息和元数据管理的术语。
ERP系统	企业资源规划（ERP）软件包……今天用来表示许多不同类型的通用和特定行业的应用解决方案。
欧盟汽车租赁	欧盟汽车租赁是OMG SB VR规范中使用的虚拟公司的名称（参见下文），用于文档中的示例。

续表

术语/缩写	含义
图表	在本书的上下文中，"图"是指有向图，如概念图。RDF标准（参见下文）也是基于图表。有软件包，直接支持图形数据库。
层级管理	层次结构在商业智能中很重要。它常分别用于"挖掘"、"卷起"。例如：年度－季度－月－日是一种等级。层级管理在商业智能软件和主数据管理（MDM，参见下文）软件都可找到。
关键绩效指标（KPI）	关键绩效指标（KPI）来源于平衡计分卡范式，并指出了商业组织密切跟踪的核心措施（在"记分卡"上）。今天，这个术语被更松散地用来表示组织管理的重要关键数字。
主数据管理（MDM）	主数据管理（MDM）是一套管理企业中重要共享数据的最佳实践指南和程序。MDM可以由专门的软件包支持。
衡量标准	用于表明业务流程真实绩效情况的商业智能术语。例如：无销售产品等。
多维的	多维模型用于商业智能。在范式中，一组度量被呈现为多维"立方体"中的单元。该范式直观地易于使用，并得到软件包的支持。"立方体"的每个"边"都代表一个维度——在这个维度中，您可以找到层次结构。
数据归一化	数据建模者用来设计数据库结构的一种技术。规则是，数据库中的任何字段只能在一个地方，也就是表中的字段，它在设计中唯一地 标识业务对象。规范化与层次结构相关，因为层次结构将为层次结构中的每个层次生成一组表。
非关系型数据库（NoSQL）	非关系型数据库（NoSQL）非常松散地用于表示数据管理的许多不同技术和方法。定义特性是该技术不是基于SQL数据库！这个术语经常与大数据相关（参见上文），并真正包括许多非常不同的数据管理方案，如分层、自描述数据、图形数据库和列存储，等等。
OMG	对象管理组织是一个国际标准化机构，它产生了许多与开发方法等有关的重要标准。参见：www.omg.org。
本体（Ontology）	用于知识管理和语义网络的术语（参见下文）范式。它表示一种基于形式逻辑构建高度结构化的"字典"的设施。OWL（参见下文）是本体描述的标准。
OWL	来自W3C财团的标准（参见下文）。用于指定本体。它基于形式逻辑，并允许推理。

续表

术语/缩写	含义
RASCI	描述人与项目（或其部分）之间关系的方法。这些信件代表：负责、负责、支持、咨询和知情。
RDF	资源描述框架（RDF）。概念和关系的定义和表示语义网的"数据层"（参见下文）。它由模式设施（用于定义模型）和表示图实例的数据设施组成。
关联	在这本书的背景下，"关联"是指概念之间的关系。在概念图中，关联被命名。例如：客户–地点–订单，其中"地点"表达了概念间的关联。
SBVR	商业词汇和商业规则的语义学（SBVR）。来自OMG的业务规则标准语言（参见上文）。在SBVR和OWL之间定义了一个"桥"（参见上文）。
语义网	在W3C财团内的项目（参见下文）以产生支持语义的标准（参见下文），从而使更智能的搜索与高度相关的结果集。一些语义Web标准是URI、XML、RDF、OWL、SKOS等。参见每个缩略语的单独条目。
语义学	在W3C财团内的项目（参见下文）以产生支持语义的标准（参见下文），从而使更智能的搜索与高度相关的结果集。一些语义Web标准是URI、XML、RDF、OWL、SKOS等。参见每个缩略语的单独条目。
情感分析	存在软件包，它可以从文档中提取"情感"。例如：根据从该客户收到的电子邮件提取有关客户是否生气的信息。
SKOS	简单的知识组织系统。概念和关系词汇表的管理。语义网络家族中的标准（参见上文）。
SPARQL	SPARQL协议和RDF查询语言（自引）。RDF数据库的查询语言。语义网络家族中的标准（参见上文）。
星型模型	在关系数据库中表示多维数据的数据建模技术（参见上文）。
SWOT	一种用于寻找替代策略和计划的分析技术。这些信代表力量、弱点、机会和威胁。
分类学	表示层次分类系统的模型。最初用于生物学和图书馆科学。今天，更广泛地应用于许多不同的使用类型（例如，包括网站信息架构）。
文本分析	软件包，用来分析文本，例如。从文档中得出分类方案和许多其他类型的信息。

术语/缩写	含义
文本挖掘	文本挖掘是一个较老的术语，它正在被文本分析所取代（参见上文）。
辞典	本质上是结构化词汇的图书馆学术语。
UDM	用于定义多维结构的MicrosoftSQLServer模型。包括用于构建层次结构的"属性关系"，因此非常接近概念映射级别。
UML	统一建模语言（UML）是OMG（参见上文）IT系统规范标准及相关开发信息。有许多可视化组件，尤其是UML类图。
URI	统一资源标识符（URI）。是按名称（URN）和位置（URL）规范资源的标准。URL是著名的网络地址。语义网络家族中的一个标准。
URL	是URI的位置形式（参见上文）。
W3C	万维网联盟。国际标准组织开发互联网标准。
Web 3.0	参考与"语义网"相同的内容（参见上文）。
XML	可扩展标记语言。所有语义Web标准的"定义平台"（参见上文）。

附录 2：CmapTools 用户指南

如何使用 CmapTools

我们用来绘制概念图的工具叫做 CmapTools。它是基于约瑟夫 D.诺瓦克教授（当时在康奈尔大学）在 80 年代和 90 年代所做的理论工作，参见（Novak 2008）。这个工具，我们今天所知的 CmapTools，在 2000 年左右面世，几年后它在教育领域的发展速度加快。今天，该软件的出版商是佛罗里达人机通信研究所（IHMC），诺瓦克教授在那里工作。

该工具是免费的，可以从其网站 http://cmap.ihmc.us.下载。它直观易用，非常适合于围绕数据投影仪的头脑风暴会议。互联网上有很多关于 CmapTools 的指导信息，尤其是在 IHMC 的网站上：http://cmap.ihmc.us/support/help/。但也有其他选择——用谷歌和 YouTube 找到它们。（CmapTools 在西班牙语国家非常流行，因此您会发现许多西班牙语热门词汇）。这不是另一个"CmapTools 的用户指南"，而是一些已经被发现有用的观察结果。如果你要读的话，下载并安装 CmapTools 并开始使用它。

安装后，您将需要设置一个用户名和密码。这是因为 CmapTools 可以与 Cmap 服务器一起使用。无论是你自己的还是由 IHMC 提供的公共的账号。但是 CMAP 可以作为本地程序在您自己的计算机上使用。概念图文件（xxxx.cmap）的默认位置在文档文件夹中称为 My Cmaps 的文件夹中。

花点时间——也许半个小时或更多的时间来使用这个工具，并尝试重新创建本书中的一个或多个概念图。

使用"样式选项板"窗口可以操作图形中的对象。点击高亮后，你可以改变文本、线条和对象的外观。在样式选项板中，也可以在此处添加或删除箭头。玩几分钟，直到你对它有更好地了解。

颜色经常被用来突显概念，这是"正在进行中的工作"。也就是说，它们可能是你不确定、需要调查或需要决定的事情。黄色对大多数人来说都很好。（使用高亮显示的概念的样式选项板来更改对象的颜色）。

请注意，CmapTools 实际上可以做很多事情，包括链接到其他资源（例如：网页），等等。如果您想了解这一点，请访问 IHMC 的帮助页面（参见上文）。

如果要在 Word 文档或 Powerpoint 中包含概念图，最简单的方法是在菜单中"将 Cmap 导出为图像文件"。使用 EPS 格式，一旦您将图片文件插入到文档中，它就可以正常工作。

下面是对句法的一个简短描述，可供您用于业务概念图：

圆形图标表示业务对象，其中可以包括实物（例如商品），文档（例如发票等），参与者（人员/组织），事件/交易。（例如销售，发布，分发等）

带有圆角的方形图标象征着业务对象的特征（属性）。例如：产品重量等。

带有锐角的方形图标偶尔被用来举例说明属性的一个或多个值（例如："英国赛车绿"或"红色"）。这纯粹是出于教学原因。

图 A.2.1　业务概念图的可视句法

　　连接线表示概念之间的关系。如果用箭头连接，则表示一对多关系（例如每次行程有多个乘客）。如果没有箭头，则表示存在 1-1 或 0-1 关系。在这两种情况下，也可能并不总是有一种关系，例如，可能有一种情况下，新客户还没有购买任何东西。使用例如与关系的文本分别"具有"或"可以"或类似的形式来表达这些变化。

附录 3：建模的概念层和实体层的比较

商业信息建模

业务信息建模是使用 IT 进行业务开发中最被忽视和支持不足的领域之一。

业务信息建模在商业智能（BI）和数据仓储中的重要性变得非常明显。想想看：什么是商业智能？ 答案是：一种业务信息的呈现，旨在让未经培训的业务用户直接访问，这些用户对业务非常了解，但对信息技术知之甚少。

由于 BI 和 DW 开发项目的交付成果是数据库（和多维数据集），几乎没有应用程序，IT 开发人员可以在其中隐藏业务规则和其他逻辑。

一个成功的商业信息模型至少应具备以下重要的特征：

- 业务用户可以直观地理解。
- 用企业语言表达。
- 包含所有必要的业务概念和业务规则。
- 定义明确、精确，无冗余和不一致。
- 使范围界定和规模确定更加容易。

以上是业务分析师作为业务开发项目的一部分应该交付的范围（无论是业务智能、语义或更普通的改革，如流程更新等）。

业务元数据

看待这一点的一种方法是收集元数据（关于业务运作方式的信息）。比尔·因蒙（Bill Inmon）和邦妮·奥尼尔（Bonnie O'Neill）等人写了一本关于这个主题的非常好的书（Inmon等，2008）。业务概念建模实际上是关于收集元数据。然而，大多数商业人士并不了解"元数据"的概念。所以，请不要这样称呼。

建模工具

传统的IT人员在选择建模工具时会考虑实体关系模型或UML类图。即使他们被要求做的只是一个概念模型。但是这两种方法对于真正应该参与建模的业务用户来说都太复杂了。正如本书所记载的，一个简单的概念图工具在业务用户中非常成功。我们已经成功地使用产品CmapTools数年了。我们强烈推荐它，因为它直观、简单、功能强大。概念图适用于商务人士。

复杂性从何而来？

当您试图超越一个好的概念图的简单性时，实际上是在进入本书前面讨论的添加逻辑的相同问题。例如，UML是基于逻辑的建模的几乎完整的解决方案。

然而，UML和ER图并不是建模中唯一的范例。不同的用法和/或不同的领域有不同的形式和风格：

- 数据模型（IT）

- 分类法，分面计划或本体（图书馆学家/档案管理员）

- 主题图或本体（知识管理者）

- 分类法（内容管理者或网站信息架构师）

- 事实图（业务规则建模者）

如您所见，所有这些实践领域的共同点是：他们正在指定要包含在某种IT系统中的内容（此处有很多选择）。

请不要使用UML！

让我们来看看方框和箭头以及僵化但强大的表示方法（例如UML甚至ER图）不适合业务概念模型的一些原因。

让我们回到犬舍业务概念图：

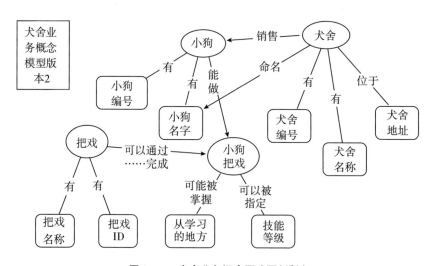

图A.3.1 犬舍业务概念图（更新版）

如果将以上内容翻译为"方框和箭头"类型的图表，则会遇到信息丢失的情况。以下是几乎等效的犬舍概念表示形式，以通用的UML

样式类图（隐藏的键）表示：

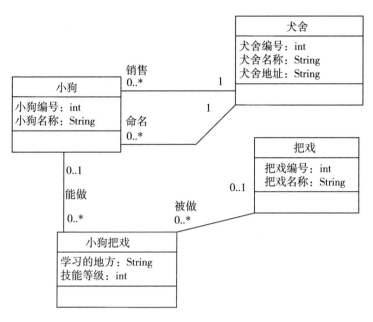

图A.3.2　使用UML类模型的犬舍业务概念

如您所见，有许多信息丢失的实例，其中包括：

1. "小狗把戏可以指定技能等级"变为"小狗把戏有技能等级"。

2. "犬舍位于犬舍位置"变为"犬舍有犬舍位置"。

3. 小狗编号和小狗名称：来自犬舍的依赖关系不清楚（除非数据建模者正确地命名了外键字段）。

问题一将需要数据库中的"NULL（空）"范式，因为主键和函数依赖属性之间没有可选性。但即使这样也不能使其正确，因为原来的业务术语已经丢失。丢失意味着丢失——它不存在——用户必须猜测隐含的函数依赖性意味着什么。这是最常见的问题——特定词汇退化为"有"。

第二个问题是犬舍位置可能是一个通用位置概念的子类型，模型中没有这个概念。在上面的图表中，它看起来更像是一个设计决策，而不是对位置进行详细建模，而是提供一个长文本字段供用户输入位置。但这实际上是一个解决方案级的设计决策。我们要建模的是业务概念的现实。

第三个问题也让用户感到困惑，因为关系的名称在数据模型的翻译中被丢失，而且对业务来说可能很重要。

一些潜在的问题如上所示——以下是更全面（和技术性）的列表：

- 属性间关系信息丢失
- 对象或属性——而不仅仅是概念
- 多值属性难以用简单的方式表达
- 以属性表示的角色——如何描述唯一性、排除/包含等。
- 对象与关联——通常会导致新概念和业务关键点（以前业务不知道）。

然而，最大的问题是复杂性。对于业务概念建模的目的，口号是：少即是多！直觉被不必要的信息所阻碍。UML类图至少提供元结构，例如：

- 关联vs.聚合vs.组合
- 泛化、子类型化和实现
- 继承
- 多重性（基数）
- 数据类型等。

以上所有这些对于业务用户来说并不是真正必需的。显然，一个答案可能是抑制／避免在某些简化的类图中使用所有这些（如果图表工具允许的话）。但是，为什么首先要使用UML？简单的Microsoft PowerPoint或Visio图就足够了。当然概念图更好，并且已被证明有效。

　　在生产线的下一步（在设计和规范阶段），很可能有充分的理由使用UML，视情况而定。

　　背后的分裂是在目的／要求之间：

　　（A）业务质量被理解为与业务需求的相关性和贴近度——罗杰·马丁（Roger Martin，2009）称之为有效性。

　　（B）在复杂世界中产生可靠结果的操作工程质量（罗杰·马丁的可靠性维度）。

　　企业本身负责上述（A）并需要一个工具来帮助他们（概念映射）。IT或知识工程师等负责（B）并且已经有很多工具来处理由此产生的解决方案的复杂性。

参考文献

Allemang D., Hendler J. (2011) Semantic Web for the working ontologist: effective modeling in RDFS and OWL. Morgan–Kaufmann, Waltham

Aminoff C., Hänninen T., Kämäräinen M., Loiske J. (2010) The changed role of design. commissioned by the Finnish ministry of employment and the economy to provoke design Oy/Ltd: www.tem.fi/files/26881/The_Changed_Role_of_Design.pdf. Accessed 29 Jan 2012

Brown T. (2008) Design thinking. In: Harvard business review (hbr.org), June 2008

Cadle J., Paul D., Turner P. (2010) Business analysis techniques–72 essential tools for success. BISL (BSC), Swindon

Chisholm M.D. (2010) Definitions in information management–a guide to the fundamental semantic metadata. Design Media, Port Perry

Chisholm M.D. (2012) Big data and the coming conceptualmodel revolution. http://www.informationmanagement. com/newsletters/data–model–conceptual–big–data–Chisholm–10022303–1.html. Accessed 7 Sept. 2012

English L. (2009) Information quality applied. Wiley, Indianapolis

Gärdenfors P. (2000/2004) Conceptual spaces. MIT Press, Cambridge

Halpin T., Morgan T. (2008) Information modeling and relation databases. Morgan Kaufmann, Burlington

Inmon W., O'Neill B., Fryman L. (2008) Capturing enterprise knowledge–business metadata. Morgan Kaufmann, Burlington

Jung C.G. (1993) Synchronicity: an acausal connecting principle. Bollingen Foundation

Kimball R. (1996) The data warehouse toolkit. Wiley, New York

Ladley J. (2010) Making EIM (enterprise information management) work for business. Morgan Kaufmann, Burlington

Laney D. (2012) Introducing infonomics: valuing information as a corporate asset. Gartner Group research note G00227057

Liedtka J., Ogilvie T. (2011) Designing for growth–a design thinking toolkit for managers. Columbia University Press, New York (Kindle edition)

Loshin D. (2009) Master data management. Elsevier, Burlington

Martin R. (2006) Design thinking and how it will change management education: an interview and discussion. Acad Manag Learn Educ 5(4):512–523

Martin R. (2009) The design of business–why design thinking is the next competitive advantage. Harvard Business Press, Boston (Kindle edition)

Moon B.M., Hoffman R.R., Novak J.D., Canãs A.J. (2011) Applied concept mapping–capturing, analyzing and organizing knowledge. CRC Press, Boca Raton

Novak J.D. (1990) Concept maps and Vee diagrams: two metacognitive tools for science and mathematics education. Instr Sci 19:29–52

Novak J.D. (2008) Learning, creating, and using knowledge: concept maps®

as facilitative tools in schools and corporations. Routledge, New York (Kindle edition)

Novak J.D., Cañas A.J. (2006) The theory underlying concept maps and how to construct and use them. Technical report IHMC CmapTools 2006–01 Rev 2008–01–downloaded from http://cmap.ihmc.us/publications/researchpapers/theorycmaps/theoryunderlyingconceptmaps. htm#_ftn1

OMG (2008) Semantics of business vocabulary and business rules (SBVR), v1.0. OMG Document Number: formal/2008–01–02, http://www.omg.org/spec/SBVR/1.0/PDF

Osterwalder A., Pigneur Y. (2010) Business model generation. Wiley, Hoboken

Oxman R. (2004) Think–maps; teaching design thinking in design education. Design Stud 25(1):63–91

Ross R. (2003) Principles of the business rules approach. Addison–Wesley, Boston

Siegel D. (2009) Pull, the power of the semantic Web to transform your business. Portfolio/Penguin, New York

Sullivan W., Rees J. (2008) Clean language–revealing metaphors and opening minds. Crown House Publishing, Carmarthen

Von Halle B., Goldberg L. (2010) The decision model–a business logic framework linking business and technology. Taylor & Francis, Boca Raton